"十四五"高等学校美术与设计应用型规划教材

总主编：王亚非

包装设计项目实践

王锦洪 ［大连工业大学艺术设计学院
王炜丽 ［鲁迅美术学院视觉传达设计学院］ 编著

西南大学出版社

SWUP 国家一级出版社 全国百佳图书出版单位

图书在版编目（CIP）数据

包装设计项目实践 / 王锦洪, 王炜丽编著. -- 重庆:
西南大学出版社, 2022.10（2024.3 重印）
ISBN 978-7-5697-1593-4

Ⅰ.①包… Ⅱ.①王…②王… Ⅲ.①包装设计 – 高
等学校 – 教材 Ⅳ.①TB482

中国版本图书馆CIP数据核字(2022)第141321号

"十四五"高等学校美术与设计应用型规划教材
总主编：王亚非

包装设计项目实践
BAOZHUANG SHEJI XIANGMU SHIJIAN
王锦洪　王炜丽　编著

总 策 划：周　松　龚明星　王玉菊
执行策划：鲁妍妍
责任编辑：曹园妹
责任校对：徐庆兰
封面设计：闻江文化
排　　版：重庆新金雅迪艺术印刷有限公司
出版发行：西南大学出版社（原西南师范大学出版社）
地　　址：重庆市北碚区天生路2号
印　　刷：重庆新金雅迪艺术印刷有限公司
幅面尺寸：210 mm×285mm
印　　张：8.5
字　　数：249千字
版　　次：2022年10月 第1版
印　　次：2024年3月 第2次印刷
书　　号：ISBN 978-7-5697-1593-4
定　　价：65.00元

本书如有印装质量问题，请与我社市场营销部联系更换。
市场营销部电话：(023)68868624　68253705

西南大学出版社美术分社欢迎赐稿。
美术分社电话：(023)68254657　68254107

一

序

当下，普通高校毕业生面临"'超前'的新专业与就业岗位不对口""菜鸟免谈""毕业即失业"等就业难题，一职难求的主要原因是近些年各普通高校热衷于新专业的相互攀比，看重高校间的各类评比和竞争排名，人才培养计划没有考虑与社会应用对接，教学模式的高大上与市场需求难以融合，学生看似有文化素养了，但基本上没有就业技能。如何将逐渐增大的就业压力变成理性择业，提升毕业生就业能力，是各高校亟须解决的问题。而对于普通高校而言，如果人才培养模式不转型，再前卫的学科专业也会被市场无情淘汰。

应用型人才是相对于专门学术研究型人才提出的，以适应用人单位为实际需求，以大众化教育为取向，面向基层和生产第一线，强调实践能力和动手能力的培养。同时，在以解决现实问题为目的的前提下，使学生有更宽广或者跨学科的知识视野，注重专业知识的实用性，具备实践创新精神和综合运用知识的能力。因此，培养应用型人才既要注重智育，更要重视非智力因素的培养。

根据《教育部 国家发展改革委 财政部关于引导部分地方普通本科高校向应用型转变的指导意见》，推动高校转型发展，把办学思路真正转到服务地方经济社会发展上来，转到产教融合校企合作上来，转到培养应用型技术技能型人才上来，转到增强学生就业创业能力上来，全面提高学校服务区域经济社会发展和创新驱动发展的能力，势在必行。

目前，全国已有300多所地方本科高校开始参与改革试点，大多数是学校整体转型，部分高校通过二级学院开展试点，在校地合作、校企合作、教师队伍建设、人才培养方案和课程体系改革、学校治理结构等方面积极改革探索。推动高校招生计划向产业发展急需人才倾斜，提高应用型、技术技能型和复合型人才培养的比重。

为配套应用型本科高校教学需求，西南大学出版社特邀国内多所具有代表性的高校美术与设计专业的教师参与编写本套既具有示范性、引领性，能实现校企产教融合创新，又符合行业规范和企业用人标准，能实现教学内容与职业岗位对接和教学过程与工作流程对接，更好地服务应用型本科高校教学和人才培养的好教材。

本丛书在编写过程中主要突出以下几个方面的内容：

（1）专业知识，强调知识体系的基础性、完整性、系统性和科学性，尽量避免教材撰写专著化，要把应用知识和技能作为主导。

（2）创新能力，对所学专业知识活学活用，实践教学环节前移，培养创新创业与实战应用融合并进的能力。

（3）应用示范，教材要好用、实用，要像工具书一样传授应用规范，实践教学环节不单纯依附于理论教学，而是要构建与理论教学体系相辅相成、相对独立的实践教学体系。可以试行师生间的师徒制教学，课题设计一定要解决实际问题，传授"绝活儿"。

本丛书以适应社会需求为目标，以培养实践应用能力为主线。知识、能力、素质结构围绕专业知识应用和创新而构建，使学生不仅有"知识""能力"，更有使知识和能力得到充分发挥的"素质"，使丛书厚基础、强能力、高素质的三个特点更加突出。

应用型、技术技能型人才的培养，不仅直接关乎经济社会发展，更是关乎国家安全命脉的重大问题。希望本丛书在新的高等教育形势下，能构建满足和适应经济与社会发展需要的新的学科方向、专业结构、课程体系。通过新的教学内容、教学环节、教学方法和教学手段，培养具有较强社会适应能力和竞争能力的高素质应用型人才。

2021 年 11 月 30

一

前 言

　　包装的历史由来已久，是伴随着人类文明初始阶段就产生并一直延续下来的文化形式。经过现代设计教育的传承整合，包装设计已经成为视觉传达设计专业的重点必修课之一。

　　从美学的角度分析，包装设计是艺术；从功能的方面看，包装设计是屏障，保护商品；从宣传的方面看，包装是媒介，用于传播。包装虽然形式多变，但其本质或规律一致。所有的包装设计都包含以下四要素：谁对谁说？要说什么？在哪里说？要达到什么效果？要做到对以上问题有足够的敏感性，就需要在实践中不断积累、不断挑战，获取与众不同的问题解决路径。

　　《包装设计项目实践》的理论部分篇幅较小，把阐述的重点放在了"包装设计项目实践"的解读上。精选的图片案例和理论丝丝入扣，可以帮助包装设计初学者们迅速理清学习思路，掌握知识架构。教材还将两种国际通行的创意技巧进行了特别解读，展示了实现原创设计的经典路径。

　　教材的实践部分篇幅较大，我们通过七个课题、九个案例，为读者呈现了每个设计题目的调查过程、创意推演过程和成品呈现。书中所选案例非常具有代表性，包含了商务礼品、文创产品和原创概念产品，将新一代 00 后的设计主张原样呈现。

课 程 计 划

（建议 72 学时）

章名	章节内容		课时
第一章 重塑包装设计基础	第一节 包装设计历史回顾与展望	6（讲授3，思考与讨论3）	18
	第二节 包装设计需要具备的平面设计基础	6（讲授3，思考与讨论3）	
	第三节 包装设计需要具备的材料与结构基础知识	6（讲授3，思考与讨论3）	
第二章 经典创意技巧	第一节 形态学矩阵	4（讲授1，实践2，思考与讨论1）	8
	第二节 奥斯本清单	4（讲授1，实践2，思考与讨论1）	
第三章 包装设计项目实践	第一节 传统节庆食品包装设计课题	44	44（任选一个课题作为课程作业，具体要求参考每节的作业要求）
	第二节 红色文化文创产品包装设计课题	44	
	第三节 潮玩包装设计与 POP 展示设计课题	44	
	第四节 潮玩与香氛包装造型融合课题	44	
	第五节 互动包装设计课题	44	
	第六节 非遗文化文创产品包装设计课题	44	
	第七节 海洋文化影响下的城市礼品包装设计课题	44	
第四章 学生作品欣赏		2	2
合计			72

二维码资源目录

序号	资源内容	二维码所在章节	码号	二维码所在页码
1	民国时期的产品包装	第一章	码 1-1	002
2	潘虎包装设计实验室	第一章	码 1-2	012
3	包装及印刷工艺	第一章	码 1-3	022
4	潮玩 POP 包装	第三章	码 3-1	060
5	互动包装	第三章	码 3-2	072
6	海洋文化影响下的城市礼品包装	第三章	码 3-3	086

目录

CHAPTER 1

一

第一章

重塑包装设计基础

一、古代包装设计

1. 动物、植物包装

在原始社会，人们为了生活的需要，学会了用兽皮包肉，用贝壳装水，用芭蕉叶、荷叶、芦叶、竹叶等包裹食物，用柔软的植物枝条、藤蔓或动物皮毛扭结成绳，进行捆扎，编织、缝制成袋、包、兜等，并能模仿某些瓜果的形状，制作成近似圆或半圆的筐、箩、篮、箱、笼等用以盛装物品。远古人类能利用各种自然材料来制作多种形式的包装容器，这在上万年前可称得上是伟大的发明和创造，是最原始的包装形态。（图1-1）

图 1-1 植物包装

码 1-1 民国时期的产品包装

图 1-2 陶器太阳纹涡纹双耳罐 中国农业博物馆藏

图 1-3 青铜器

图 1-4 越窑青瓷

2. 陶器

陶器的诞生创造了人类包装史上光辉的一页。大约在 7000 年前，我国长江、黄河、黑龙江流域及沿海广大地区，开始广泛使用陶器。陶器和农业的发展及人们的生活有着密切的联系。如谷物的贮藏、饮用水的搬运、肉类和谷物的加工等都需要陶器。从人类进行包装这一活动开始，包装设计就是根据所要包装的对象和用途来选择最适合的材料，进行包装容器和结构设计的，而且当时的人们已经懂得了装饰。（图 1-2）

3. 青铜器

在公元前 17、18 世纪，我国夏代末期就发现了铜金属，到了公元前 11 世纪，我国青铜器制造技术已发展到鼎盛期，它们被大量地运用于各种日用工具和包装器皿，如食器——盘、碗、豆等，酒器——爵、角觚等，水器——罐、壶、翁、盂等。这些包装容器的结构和造型设计，除了有很强的功能性外，同时还有很强的装饰性。整个器形雄伟厚重，结构复杂，纹饰繁缛富丽。（图 1-3）

4. 瓷器

英文"china"的另一个意思就是"瓷器"，可见中国的陶瓷在世界历史长河中的重要地位。大约在公元前 16 世纪的商代中期，出现了原始瓷器。在东汉中、晚期，原始瓷发展为瓷器，这是我国古代劳动人民的一项重大发明和创造，也是对世界物质文明的贡献。由于瓷器比陶器坚固耐用，清洁美观，又远比铜、漆器的造价低廉，而且原料分布极广，蕴藏丰富，各地可以因地制宜，广为烧造，满足民间日用之需，这在客观上为瓷器的出现和发展创造了条件。随着技术的发展，瓷器制作日益精美，尤其是在日用器物的领域中逐渐取代了部分铜器和漆器的地位，成为十分普遍的日常生活用具。（图 1-4）

5. 漆器

中国是世界上最早使用漆器的国家，在 3000多年前就有用漆液做防腐涂料和对包装容器进行装饰的彩绘材料。到战国秦汉时期，天然漆开始被用作藤、竹、草、条等材料的编织容器和某些木容器的防腐涂料。彩绘材料已普遍使用。到唐宋以后，漆的生产与使用更为广泛，技术与工艺也更加复杂、先进。到明清时，人们发明了金漆镶嵌、平脱漆、雕漆等工艺，生产的漆器既是包装容器，也可作工艺品收藏。（图1-5）

6. 织物

中国纺织历史起于何时，今无定论。从考古实物看，早在新石器时代就有了纺轮一类的纺织工具。在河北藁城台西村商代遗址和甘肃永靖商代遗址出土的麻布实物，其细密均匀的程度，完全可与现代细麻布相比。从汉代画像石、画像砖中可以看到秦汉时期的一些织物包装，如《弋射收获图》画像砖，下部为收获图，一人挑担提篮，手中提的是装水或盛饭的包装容器，外部裹有织物。（图1-6）

图1-5 漆盒

图1-6《弋射收获图》（局部），东汉画像砖。1972年四川大邑出土，四川博物院藏

7. 纸张

自从东汉蔡伦发明纸以来，由于纸张质地柔软，价格低廉，人们很自然地用纸来包装物品。直到今天，纸仍然是包装的主要材料。在《汉书》中就有纸作为包装材料的记载。1957年在西安灞桥发现的一座西汉古墓中的纸，据称是用来包裹或衬垫青铜器的。在敦煌悬泉发现的三件西汉残纸上面有药名，大概是用于包裹药物之用。从东汉初开始，纸代替竹帛用作书籍的材料。现存最早的纸书为晋人写本《三国志》残卷。到唐代开始使用书函，它是用木板或纸板所制，用于保护书籍的，可以说是书的包装。

中国印刷术的产生，大大推动了包装的发展。印刷术经过各种工艺技术的改进，至宋代成长为完美而精湛的艺术。技术与方法的改进，使得印刷的范围不断扩大，越来越多地被用于商业中。中国国家博物馆所藏的我国现存最早的包装资料，是北宋山东济南刘家功夫针铺的包装纸，铜板雕刻，上面横写"济南刘家功夫针铺"，中间是一个白兔商标，从右边到左边竖写"认门前白兔儿为记"，下半方有"收买上等钢条，造功夫细针"等广告文句，图形标记鲜明，文字简洁易记。它是融标志、包装与广告三位为一体的设计。（图1-7）

可以看出，从远古时代的兽皮包裹到各种民间包装，包装的发展历程充分体现了人的创造力，它们是劳动人民智慧的结晶。包装的功能由保护及容纳物品的原始功能，提高到了具有识别性功能和宣传性功能，这应该是人类在商品销售上的一大进步。

图1-7 北宋山东济南刘家功夫针铺的包装纸，中国国家博物馆藏

二、近代包装设计

1. 国外

18世纪60年代，西方爆发了工业革命，机器的发明和能源的开发，促进了产品质量的提高。而人们在选择商品时不仅关注产品质量，同时也开始注意产品外观的美感等问题，这时的包装开始起到美化产品的作用，具有一定的审美价值。

1798年，逊纳菲尔德发明了石版印刷术，实现了着色印刷，大大推动了包装事业的发展。1799年，法国人制造了世界上第一台造纸机，将中国的人工造纸技术转化为机械化生产技术，进而推动了纸业包装的

图1-8 新艺术风格，1906年穆夏为 Violet Soap 设计的包装盒

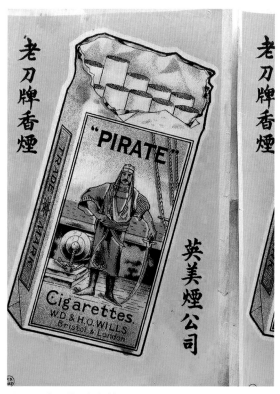

图 1-9 老刀牌香烟包装

图 1-10 仁丹药品包装

发展。1837 年，用金属罐装食品的方法开始被采用。1856 年，英国人发明制作出了瓦楞纸包装衬垫。1868 年彩色印铁技术得以发明，色彩艳丽的颜色可以直接被印在铁皮上，盒子的造型设计也趋向多样。1879 年，美国公司设计制造出模压折叠纸盒包装。1897 年瓦楞纸盒面世。1911 年，英国正式开始生产玻璃纸。美国和欧洲又研究出多种玻璃纸和聚乙烯塑料等新材料，被用于商品的包装中。

在 19 世纪后期，品牌产品开始出现，尤其是在一些香烟的包装上，出现了许多富有浪漫色彩和异国情调的名称，这些商标名称赋予产品不同凡响的魅力。厂家们开启了一整套设想来润饰他们的品牌，以增加人们对品牌的信赖感。

在 20 世纪初期，新艺术运动对包装设计与风格产生了巨大的影响。包装设计冲破了过去设计领域的旧框架，在品牌设计中体现的时代风格，深深地打上了新艺术运动的烙印。

在 20 世纪中期，女性更多地参与商业活动，加之人们休闲时间的增加，刺激了新的包装设计观念和现代设计风格的产生，市场更加重视包装设计。这一时期产品包装设计的特质是以强烈鲜艳的色彩搭配和抽象的几何形为主，包装的平面设计变得更为大胆，改进了早期过分装饰的设计风格。（图 1-8）

2. 国内

我国近代产品的包装，是从 1840 年鸦片战争以后慢慢发展起来的。当时清政府软弱无能，西方帝国主义列强不仅对我国进行军事侵略，还对我国实行经济掠夺，极大地压制了我国民族工业和包装事业的发展。所以，那时外国洋货、洋牌几乎充斥了我国市场。英国烟草公司输入我国的老刀牌香烟，日本倾销到我国的仁丹药品等，这些商品包装图样都带有一种弱肉强食的帝国主义面目。此外，还有一批外商产品的包装采用中国民间故事、神话传说作为题材，如"桃园结义""麒麟送子"等，目的是迎合广大中国消费者的喜好，最终长期占领中国市场。辛亥革命以后，我国民族工业产品增多，产品包装也越来多，题材大多数是用以表示吉祥、祝福等寓意的，如龙、凤、虎、鸳鸯、牡丹、和合二仙、五子登科、福禄寿等。还有一些外来的其他内容，如以"摩登"女性形象作为题材。（图1-9至图1-13）

20世纪30年代，在火柴盒和布匹等商品包装上出现了宣传国货、宣传爱国、唤醒民众的文字和图案。天津东亚毛呢纺织有限公司生产的抵羊牌毛线，原来是叫抵洋牌，后因为这个商标词在当时很可能会招致麻烦，于是设计者决定将"抵洋"改为"抵羊"，一语双关，包装图样采用两只山羊死死相抵、决不退让的画面表达抵制日货的情绪。这在当时我国民众抵制外国入侵的革命热潮中，是最富于时代特征的例子。（图1-14）

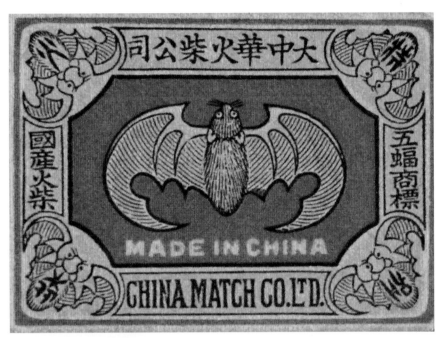

图1-11 吉祥图案火柴盒包装

图1-12 香粉包装

图 1-13 袜子包装

三、现代包装设计

1. 国外

20 世纪 30 年代末至 40 年代初，美国开始出现了自选商店，因具有快速、方便、节省人力等优点，很快从美国推广到其他国家，并很快发展成面积在 2000 平方米以上的超级市场。20 世纪 70 至 80 年代，超级市场规模宏大，销售的商品范围广、数量巨大。没有售货员向顾客介绍商品的内容，使得货架上成百上千的同类产品，只能靠自身的包装去吸引顾客，包装成为"无声推销员"。产品包装设计通过图形、文字、色彩、材料与造型等视觉语言的作用，来明确商品的用途、功能与各种属性，并能显示消费者的阶层、性别、年龄及地区等信息，从而使包装具有销售和广告宣传的价值。现代包装不仅仅是一种商品传达媒介，

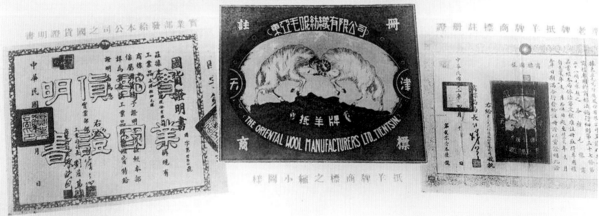

图 1-14 抵羊牌毛线包装

图 1-15 超市货柜和可口可乐包装

而且成为市场竞争的手段之一。这一时期商品包装得到迅速的发展。（图 1-15）

2. 国内

1949 之前，由于连年战乱，中国的传统包装工业一度陷入工厂倒闭、人亡艺绝的境地。1949 年，中华人民共和国成立。在第一个五年计划时期，由于国家的重视，包装工业才有了一定的恢复和发展。这个时期兴建了一批制作纸、塑料、金属、玻璃等包装材料的工厂，其中很多发展成为我国 20 世纪 80 年代以后的包装材料生产基地，为之后包装工业的长足发展奠定了基础。

1980 年以前，我国包装行业没有形成体系，包装工业相当落后，无论是机械设备、原辅材料，还是加工工艺及设计制造水平都很低，技术力量严重不足，人才奇缺，包装成了国民经济发展中的一个极其薄弱的环节。1980 年我国包装工业产值仅为 72 亿元，占社会总产值的 0.8%。

随着改革开放和科学技术的发展，我国现代包装工业体系逐步形成并迅速发展。近年，我国在医药、食品、化工产品等的包装设计方面，无论是材料选择、加工技术，还是各项功能特点，都具有相当高的水平，特别是在包装结构造型设计和产品包装设计方面，在国际市场上赢得了荣誉。我国包装行业经过多年快速发展，包装工业总规模已跻身世界包装大国行列。2021 年中国包装行业累计完成营业收入 12041.81 亿元。我国已经成为全球发展最快、规模最大、最具潜力的包装市场。（图 1-16、图 1-17）

图 1-16 贵州茅台酒包装

图 1-17 现代包装商品

四、数字化营销环境下的包装设计新思路

众所周知,保护商品与促进销售一直是产品包装的两大基本功能,从另一个角度来看,保护商品完好的最终目的,其实也是为了促进销售,因此在很大程度上,无论是针对高端的材质研究,还是针对包装的设计研究,都必须基于销售这个目的而展开。

随着数字化社会的快速发展,消费者的信息接收渠道与消费方式都发生了根本性的变化。包装设计作为企业的重要营销手段之一,在数字化营销战略的指导下,也悄然地发生了变化。包装设计不再是一个独立的设计项目,而是营销设计的一个部分,包装设计方案和营销策略有着千丝万缕的联系。

数字化营销带火了网络销售,与传统消费方式相比,网络销售突破了时空的限制,实现了企业与消费者之间的实时双向互动。在传统消费方式下,包装对消费者的购买选择起到至关重要的作用,好的包装能够引导人们做出消费决策。但是在网络消费如此普及的今天,传统的零售店正在逐步萎缩,包装如何发挥作用呢?这个课题值得我们好好去研究。

在传统营销模式下,产品用包装设计来吸引顾客的眼球,从而影响消费者的决策。在这样的商业模式下,各种包装设计层出不穷,华丽的装饰、高档的材质、繁复的结构争奇斗艳,但是在数字化消费流程当中,尤其是在电商模式下,消费者只有在拆开快递包裹的瞬间才能够真正地接触到包装,在这种情况下,包装的促销功能将会被重新审视与思考。

在数字化消费营销当中,包装设计已经不能够单纯地从艺术与材质的角度进行构思和设计,它更应该围绕包装与营销策略、品牌塑造、消费者互动、心理学的关系来开展设计创作。把包装融入整个营销策划的系统当中,让包装在数字化营销过程当中成为重要的一环,它才能够在如今的商业环境下迸发出新的生命力。这就要求包装设计师在数

图 1-18 王老吉姓氏罐

图 1-19 乐事薯片包装

字化营销环境下，不但要重视材料与美学的创新，而且更应该考虑包装与营销策略如何去对接和配合的问题。

我们来看几个案例。第一个案例是"姓氏罐"2022年1月，为了推崇"吉"文化，王老吉首次推出了"姓氏罐"，希望可以与消费者共同分享新年到来的喜悦，同时展开了一场声势浩大的营销传播活动。一时间，"周老吉""苏老吉""黄老吉"等霸屏各社交媒体，"王老吉姓氏罐"话题也成为品牌年度话题Top1，荣登微博潮物榜Top1。从销量上来看，王老吉姓氏罐成为当年定制产品系列的销量冠军。（图1-18）

中华姓氏是传统而古老的文化符号，陪伴每个人一生，也代表着每个人骨子里的归属感、认同感。为了满足消费者的个性化需求，王老吉结合姓氏这一中国传统文化符号，突破技术壁垒，运用品牌定制罐的技术革新，将姓氏文化与产品结合，率先推出姓氏罐，将品牌与消费者关联。掀起消费者与品牌之间的互动狂潮，传递"人人有吉、家家大吉"的理念。

从"姓氏罐"这个案例当中，我们可以看出数字化营销环境下的包装设计特点，在于挖掘每一个人内心的认同感，建立基于社群的情感联系，触及消费者的内心，并且让他们主动分享与互动，这当然不单单是对瓶身的简单设计，还将文化符号融入包装设计进而融入整个营销方案当中，让消费者有了更好的消费体验。

第二个案例是乐事薯片。现在的年轻人都喜欢跟各种各样的物品自拍，然后发到网上去，只要这些物品在外形上是好看的、有趣的，他们都喜欢拿来自拍，使得照片更加有趣。这款乐氏包装就结合了人们爱自拍的这种表现，通过几种不同的卡通猴脸让人们和包装进行互动，帮助消费者以一种新奇有趣的方式在社交平台上展现自我，不仅满足了当下年轻人的表现欲，还能够使品牌以产品为载体，通过网友进行自发传播。（图1-19）

包装的互动化设计是企业营销策划一体化的延伸。它通过积极开发包装与消费者之间的互动关系，实现包装价值的最大化。在数字化营销环境下，它将以更主动的方式与消费者接触。包装的互动化设计，主要体现为包装自身的娱乐性开发，是以营销策略为指引，以产品包装为载体，以趣味性的活动为主题，以数字化传播技术为支撑的一个包装设计体系。

一、包装设计与文字设计

1. 包装设计中的文字分类

根据文字在包装设计中的功能与作用，可分为三个部分，即品牌形象文字、广告宣传文字和功能说明文字。

（1）品牌形象文字

品牌形象文字包括品牌名称、商品品名、企业标识和企业名称。这些文字代表产品形象，是产品包装平面视觉设计中最主要的文字，一般被安排在主展示面上和较醒目的位置，要求精心设计，使其富有鲜明的个性、丰富的内涵与视觉表现力，能使消费者产生好感并留下深刻印象。（图1-20、图1-21）

（2）广告宣传文字

在产品包装的平面视觉设计中，有一些文字是宣传商品特色的促销口号、广告语等。这部分内容必须真实、可信，设计要简洁、生动，要遵守相关的行业法规。它一般也被安排在主展示面，但视觉表现力不能超过品牌名称，避免喧宾夺主。（图1-22）

码1-2 潘虎包装设计实验室

图1-20 长城·玖干红葡萄酒，响亮明快的品牌形象文字

（3）功能说明文字

功能说明文字是商品的功能与使用内容的详细说明，其中有些文字是相关行业的标准和规定，具有强制性，不是由设计师和企业决定的。功能说明文字的内容主要有产品用途、使用方法、功效、成分、重量、体积、型号、规格、保质期、生产日期、生产厂家、地址、电话、注意事项、清洁保养方法等信息。这些文字通常使用可读性较强的印刷字体，主要被安排在包装侧面或背面，有的也被安排在包装正面的次要位置；也可印成专门的说明文字附于包装盒内，一些药品在小包装内就另有详细的说明书。（图1-23、图1-24）

2. 产品包装中文字的设计原则

（1）良好的传达性

文字是人类进行信息交流的媒介，这是文字最基本的功能。无论是品牌形象文字、广告宣传文字还是功能说明文字，都必须遵循这一基本原则。有些文字设计很有创意，但可读性差，难以辨认，就失去了文字传达信息的意义。今天，在琳琅满目的商品包装中，消费者在每一件包装上的视觉停留时间只有不到1秒的时间，想要抓住消费者的视线，文字的可辨性、可读性就显得尤为重要。特别是品牌形象文字，无论怎样变形、装饰、夸张，都要求简洁、明快、易懂、易读、易记。（图1-25）

（2）明确的商品性

不同形态的文字所表现出的视觉心理感受和情感特征是不同的，所以，在设计文字时，一定要充分考虑包装内容物的商品属性。尤其是品牌字体的设计，要突出商品的性格特征，强化它的视觉形象的表现力，使表现的视觉特征符合商品本身的属性，即形式与内容要统一。如具有女性特质产品的品牌文字，可采用较纤细柔和的字体，充分表现女性柔美温和的特性。（图1-26）

（3）整体的统一性

在产品包装设计中，一般有多种内容、多种形式、多种风格的字体设计同时出现在包装版面上，这时无论是中文、拉丁文还是数字等，都要求文字与文字之间能相互统一，相互协调。特别是在品牌形象文字的设计风格上，更要相互关联，有机统一，给人一气呵成的整体感。否则，会显得杂乱无章，直接影响包装的信息传达，也影响消费者整体的视觉印象。

图1-21 小仙炖鲜炖燕窝，品牌形象文字清晰醒目

图1-22 贾国龙功夫菜包装，在产品名称上下排列的均为广告宣传文字

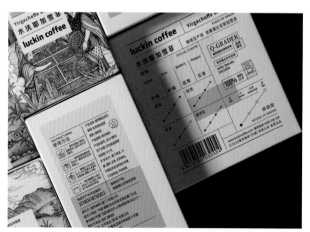

图1-23 瑞幸精品挂耳咖啡，位于咖啡盒侧面和背面的功能说明文字

品牌形象文字

广告宣传文字

功能说明文字

图 1-24 在一个版面中同时出现品牌形象文字、广告宣传文字和功能说明文字

（图 1-27）

（4）独特的创新性

想要在众多的商品中吸引消费者的注意力，必须使包装的视觉形象具有独特、鲜明的个性。成功的文字设计是达到这一目的的有力手段，所以，在产品包装的文字设计中，要充分利用形象思维和创新思维，设计出富有个性、别致、新颖的文字形式，以区别于其他同类商品包装的文字，给消费者留下独特的视觉感受和良好的视觉印象，达到销售商品的目的。（图 1-28）

3. 产品包装中文字的编排设计

在产品包装设计中，应使所有的文字都处在一个恰到好处的位置，符合人的视觉流程习惯，让人流畅地把所有文字读完。这就要求有一个合理的文字编排设计，先读哪些文字，后读哪些文字，有主有次，使消费者的目光能随着设计者的意图来阅读，达到良好的阅读效果。

一件包装设计往往需要使用多种字体，因此字体间的互相配合与协调关系就成为十分重要的问题。

第一，包装的商品名称和品牌形象文字是主要文字，一般被安排在最佳视域。文字的色彩与背景的关系应处理得当，字体大小的搭配要适中，几种字体、字号间应拉开适度的距离，层次分明。

第二，要处理好主要文字与次要文字之间的关系。字体种类的搭配要协调，通常在一个画面中，不宜选择多种字体，最好不要超过三种，否则，容易产生杂乱、不和谐感。有些字体在画面上可以处理成线的感觉，有些可以构成面的感觉，这样容易使画面整体不零乱且富有节奏感；对有些需要强调的字可以做特别的处理，如放大突出或加装饰立体等。

第三，汉字与拉丁字母的配合要协调，要有意找出两种字体相对应的共同点，如宋体与罗马体、黑体与无饰线体等，尽量使两种字体之间有内在的联系，使其既变化又统一。（图 1-29）

如果文字较多，可以通过以下几种排列来达到整齐统一而又富于变化的效果。

（1）左对齐排列：是指每一行或每一段内容的开头字，排在同一行的第一格，形成前面对齐的排列效果。

（2）右对齐排列：是指每一行或每一段的末尾均安排在同行的最末格，形成后面取齐的排列效果。

（3）居中对齐排列：是指以中心为轴向两边排列，或左右，或上下，中心要居中。

（4）左右强制对齐排列：是指文字的开头和结尾都在同行同格，这种方法在视觉上十分规则，使

用率较高，一般用在说明文字上，但有时会显得单调呆板。

（5）自由排列：根据实际需求，文字的每一行按一定的节奏变化，自由排列。可以直排、斜排；可以网格式排列；可以沿一定的曲线、弧线、圆形排列；也可以在大文字中套排小文字；还可以文字和图形混合排列。

自由排列最能体现设计师熟练的排版技巧和审美水平。自由排列一定要有内在的视觉规律，要与其他设计要素相呼应、协调，否则就会零乱松散，不利于对文字的阅读。

图 1-25 牛栏山生肖牛纪念酒，牛字造型易懂、易记，有极好的视觉传达功能

图 1-26 香朵朵·茉莉花茶，品牌形象文字表现出女性的柔美温和

图 1-27 王老吉 X 和平精英联名罐，两个品牌形象文字风格整体、一气呵成

图 1-28 海南啤酒，利用形象思维和创新思维将品牌形象文字设计成似海浪般汹涌澎湃的图形化文字

图 1-29 小磨芝麻香油，文字编排主次分明，布局合理，具有良好的阅读体验

二、包装设计与图像设计

1. 摄影

包装中最常使用的图像是摄影照片，可能是彩色的、黑白的，也可能是双色套印的。照片被制作出来，用以展示产品外观、说明产品功用、传达产品优点或是集中体现品牌的精髓。有时候，照片的内容是说明性的，它告诉消费者在这个盒子里装的是什么。而有时候，照片可能是隐喻性的，它试图通过一个图像来凝聚一种感情或情绪，使欲望或需求得到满足。摄影是表现品牌承诺的一种直观方式。品牌承诺必须快速传达，而图像在吸引并维持消费者的注意力中发挥着独特作用。摄影照片具备使一个品牌不同于另一个品牌的能力，内容的选择、摄影的风格、图片的处理以及再加工时对彩色或是黑白的选择，都有助于一个品牌从其他品牌中脱颖而出。

消费者在面对要在两到三种产品中做出选择时，摄影有助于揭示产品特点，传达它的价值、风格与追求。摄影风格尤其重要，因为它与品牌个性及产品定位息息相关。一般来说，包装中用彩图多过黑白图，图像的构成与采光、场景的修饰与背景、图像的润色与加工等都影响着消费者对品牌及品牌个性的理解，并帮助他们对产品是否合用做出判断。（图1-30）

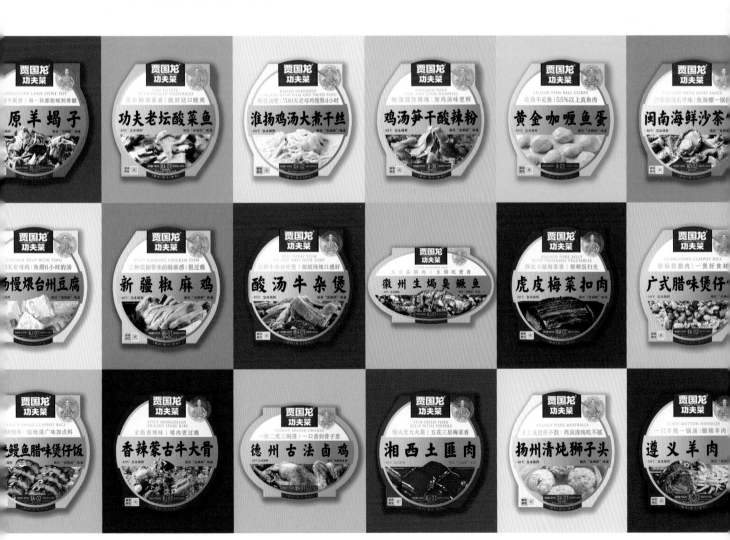

图1-30 贾国龙功夫菜，用摄影激起购买者的食欲

2. 插图

从出现的历史顺序来看，插图是包装中最早用来表现图像的方法，随着摄影技术的出现和印刷技术的发展，插图在包装上的运用逐渐减少，但插图仍与当下的包装设计密不可分。第一，有一些包装技术和印刷方法不适合使用照片。干式平版印刷或丝网印刷制作的图像都不能超过四种颜色，这是油墨印刷到材料表面的方式决定的。第二，插图在构图、色彩、光影、材质上可以尽情处理，达到理想的艺术效果。由于插图往往是运用艺术绘画的手法创作，所以插图本身就是装饰绘画，就是艺术作品。第三，更好地传递传统文化。现如今国货觉醒，可谓是风头正劲，中国的文化自信在各种风格的艺术创作里展现

图 1-31 良品铺子敦煌联名礼盒，采用数码技术绘制插图

得淋漓尽致。我们看到一个又一个老品牌，不断进行品牌年轻化和创新，通过崭新的创意和新式美学不断给我们惊喜，同时改变了在年轻消费者心中的刻板印象，成为文化自信的优秀代表。随着全球经济的一体化、全球化，世界商品的流通越来越快，不同国家传递着不同国家和民族的优秀文化。只有民族的，才是世界的，被更好地印证。第四，更好地创新。新时期艺术与技术在不断更新发展，插画创作手法越来越多样化，已经从传统的手绘发展为数码绘制，从二维扩展到三维，数量众多的数码绘制软件，如Ps，Ai，Procreate，3D，C4D层出不穷。设计师只有主动地融入这个时代，才能够创造出与时代相符的作品。（图1-31、图1-32）

图1-32 香朵朵·茉莉花茶，插图结合有层次感的立体结构，赋予包装丰富的感官感受

3. 图形与符号

图形与符号在设计中得到越来越多的使用，这是由于它所具有的强识别力及其普遍适用的特性。路标系统就是提供有用信息的最好例证，无论你在世界的什么地方，或者你说什么语言，你都能从一个路标警示中知道路前方有一个右拐的弯道，或者前面有一个陡峭的斜坡。图形与符号能够快速而又简明地传递信息，因此在包装设计中得到广泛使用。

一幅照片能够强有力地表达出品牌主题，而一个图形与符号同样也能做到这一点。图形与符号能非常有效地概括出品牌主题，不仅吸引了消费者的注意而且迅速准确地传递了信息。决定使用图形与符号还是插图和摄影，也是构成品牌差异策略的一部分。

除了作为包装主图像，图形与符号也能用在使用说明上，或者用来辅助文字说明，就像一种独特的速记概要。在我们这个品牌全球化的时代，图形与符号有时也被用来代表不同的语言，比如人们用国旗或国家的首字母来代表不同语言。图形与符号最大的优点是能节省空间，避免冗长枯燥的文字说明。

现在，图形与符号在传达环保信息、适用范围、安全警告等方面得到广泛使用。例如产品是用回收物品制造的，或可回收利用；提醒消费者该产品对某些人群的适用程度，例如素食主义者或对坚果过敏者是否可以食用；有些产品的原料成分带有危险性，或者在机械搬运的过程中容易出现问题，所以要在包装上提醒消费者注意，小心产品易燃、易坏或误用。

因此，设计图形与符号，把信息凝练到最简单的形式中去，就成为一种必要的简化练习。好的图形与符号能够超越一切文字阐释。（图1-33、图1-34）

三、包装设计与信息设计

一切包装都要或多或少地显示产品信息。一般情况下，这些信息可以划分为几种类型，例如品牌、名称、产品种类、特征与优点、重量和尺寸，诸如此类。要放入的信息太多，能容纳信息的空间太少，常常不堪重负。然而这些都是现代消费者保护法要求产品提供的信息，也合乎品牌所有者的需要，都是为了确保消费者更好地了解产品，使消费者的需求得到更好的满足。

设计师面临的挑战，就是要以独特的方式来展示信息，既能有效地支撑品牌主题，又能够帮助消费者选择自己所需要的产品。要掌握这种技巧，就必须懂得如何有条理地编排信息，吸引消费者的读取欲望。在不同的情境下——在家里、工作时或休闲时——消费者会以不同的方式来解读产品信息。设计师的才能，就体现在对重要信息的把握上，要知道消费者的购买地点、决定购买产品时的心理、使用产品时的体验等，要知道哪些信息是至关重要的。在考虑包装设计的信息编排和区分信息次序时，最重要的因素之一，就是消费者的购物经验。消费者并不是只有一种类型：有些消费者喜欢购物，而另一些消费者对逛街深恶痛绝；有些人善于接受信息，并据此做出购买决定，而另一些人对自己的选择能力缺乏信心，在面对众

多商品时难以取舍，指望包装能够帮助他们。这种时候，知道哪些信息会影响到消费者做出决定，并据此对各种信息进行排列，就显得十分重要。一旦确定哪些是中心信息，哪些是次要信息，设计师就能借助不同的字体和编排方式、字体的大小和颜色，以及其他平面设计要素——镶嵌色带、符号、图标、条纹、版面等——来引导消费者注意到相关信息。

在设定信息的秩序时，要考虑平衡、空间、简明以及相互协调等方面的问题，还要注意考虑字句的设计形式与内容之间的关系。在考虑信息的编排和次序时，一定不要忘了信息所服务的目的——使消费者的需求得到更好的满足。记得信息编排绝不仅仅是一个美学练习，若没有条理，内容就会一团糟。（图1-35）

图1-33 每日鲜语设计师联名款包装设计，使用十二生肖创意图形作为包装主图案

图1-34 帝泊洱普洱茶珍包装设计，使用茶叶图形作为包装主图案

图 1-35 Solar Media 包装设计，人们根据设计信息的指导，可通过简单的撕拉和折叠将纸箱变成衣架、抽屉和衣柜

第三节 包装设计需要具备的材料与结构基础知识

一、纸板

纸板是最常见的包装材料，成本低廉并可回收利用。纸板的易折叠、易切割、易印刷的特性为设计师进行结构设计的创新提供了最大的支持。其平整宽敞的表面本身就是为品牌标识展示而准备的绝好场地。纸板表面在经过压印、烫箔、覆膜、无光漆或亮光漆处理、添加珠光涂层或者其他工艺加工后，更能使一件包装设计作品魅力大增。

最常用的纸板包括：

1. 单浆漂白硫酸盐纸

漂白木材原浆含量最高，代表为白卡纸。最昂贵的纸板，通常覆有黏土涂层，从而具有高品质的白色印刷表面，主要用于食品、乳制品、化妆品和医药用品的包装。（图 1-36）

2. 单浆非漂白硫酸盐纸

非漂白木材原浆含量最高，即原色牛皮纸板。这种天然的牛皮纸板有涂布和非涂布两种。这种纸材的强度高，常用于饮料架、五金类产品和办公用品的包装。（图 1-37）

码 1-3 包装及
印刷工艺

图 1-36 白卡纸

图 1-37 牛皮纸

3. 再生纸材

一种由 100% 回收纸或回收纸板制成的多层纸材，有涂布和非涂布两种。涂布纸板用于干性食品包括曲奇和糕饼类以及其他家用产品，如纸类产品和洗衣粉的包装。（图 1-38）非涂布纸板则用于制作组合式纸罐（螺旋式圆纸筒）和纤维纸筒。

4. 普通粗纸板

由废纸料制成，通常呈灰色或米色，可用于制作固定纸盒（通常为固定结构，外覆装饰纸或其他装饰材料，用于礼品如香水和玻璃器皿的包装）。这种材料还被用于制作其他折叠纸箱、泡罩式包装的后面板、低端包装以及不会在货架上显露出来的内部包装结构。通常情况下，普通粗纸板不适于直接印刷。（图 1-39）

5. 瓦楞纸板

瓦楞纸板或称容器用纸板，由纸板和波形纸芯胶合而成。单边瓦楞纸也称为"单面"瓦楞纸；双边或双面瓦楞纸的中心为一层波形纸，因此也称为"单壁"瓦楞纸。未挂面的瓦楞纸，即只有波形纸芯的瓦楞纸，常常用作易碎产品或物件的包装材料，并作为内部包装结构中支撑产品的部件。单壁、双壁和三壁瓦楞纸常用于制作外部包装，如

图 1-38 用再生纸材制作的纸筒

图 1-39 普通粗纸板

图 1-40 不同厚度的瓦楞纸板　　　　图 1-41 使用瓦楞纸板制作的防烫纸杯

运输纸箱和运输容器。纸芯波形较小的单面瓦楞纸可将纸芯朝外用于高档包装设计，以获得独特的质地效果。经印刷处理的纸板可与瓦楞纸板胶合为一体，以此作为较重产品的基础包装：如各种器械、烹饪用具、电器/家庭用具和电子产品等。（图 1-40、图 1-41）

纸板结构通常有以下几种形式：

（1）折叠纸盒

折叠纸盒是把上述纸板经过压印、划痕（做出折痕以便于折叠）、折叠、插片锁合或胶粘而成为可折叠、可压平的包装结构。折叠纸盒具有加工成本低、储运方便，适用各种印刷方式和自动包装，便于销售和陈列，回收性好和利于环境保护等特点。

折叠纸盒的印刷和模切等工艺都是在纸板的平铺状态下进行的，所以在生产加工之前需要提供给印刷厂盒子各面连接在一起的矢量展开图，而不是效果图或者各面分开的图形文件。（图 1-42 至图 1-43）

（2）固定纸盒

固定纸盒是形状固定的包装结构，通常由厚重的纸板或粗纸板制成，并用装饰性挂面纸、挂面材料或其他整饰方法覆盖所有外表面和边角，通常用于化妆品、首饰或其他高档产品的包装。外观具有装饰效果的固

图 1-42 褚橙，采用折叠瓦楞纸箱作为包装。包装具有创新式的开启结构，轻轻向外抽拉，橙子就会自动升起

定纸盒常可起到 "增值" 作用，因为人们常常在使用完产品后将这些纸盒保存下来留作他用。（图1-44）如今，随着加工领域新技术的开发应用，商家们已经推出边缝经过工整轧制的可以折叠的固定纸盒。这种可折叠固定纸盒的外观效果与传统固定纸盒相似，但其造价却明显低于传统固定纸盒。

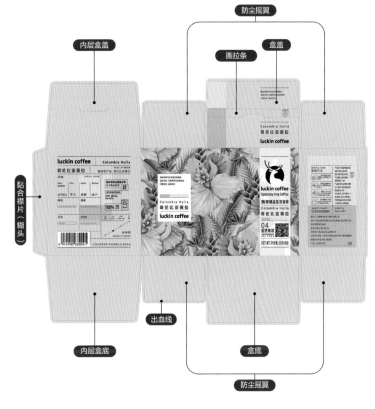

内层盒盖　防尘摇翼　撕拉条　盒盖
黏合襟片（糊头）
出血线
内层盒底　盒底　防尘摇翼

图 1-43 瑞幸精品挂耳咖啡 2.0 系列，是典型的六面体折叠纸盒，我们可以通过其展开图来了解纸盒各部分的名称

图 1-44 王老吉 X 和平精英联名罐补给箱礼盒包装，采用了固定纸盒包装结构

（3）纸筒和纸杯

纸筒是由纸板在圆筒上螺旋绕制而成，有各种重量规格和长度规格。一卷卫生纸中央的纸筒就是轻质纸筒中最常见的一种。低档纸筒通常由未经装饰的普通纸板制成，而高档纸筒则常被用作化妆品、贴身内衣、时装配饰和奢侈品的特级包装以及食品类和酒类馈赠礼品的包装盒。纸筒也可由多层材料制成，包括起保护作用的塑料、金属覆膜或者起阻隔作用的金属箔层。这种纸筒常被作为薯片、麦片粥、文具的包装结构。（图1-45）

纸杯是把用化学木浆制成的原纸（白纸板）进行机械加工、黏合所得的一种纸容器，外观呈口杯形。供冷冻食品使用的纸杯涂蜡，可盛装冰激凌、果酱和黄油等。供热饮使用的纸杯涂塑料，耐90℃以上温度，甚至可盛开水，常用作方便面等速食产品包装。纸杯的特点是安全卫生、轻巧方便。公共场所、饭店、餐厅都可使用，是一次性用品。

为了在竞争中立于不败之地，纸筒加工商们正在寻找各种创新方法，例如开发出各种形状（如椭圆形或不对称形）、新的模切技术或者新的整饰工艺，以便使他们的包装结构更加与众不同。（图1-46）

图1-45 品客薯片包装

图1-46 今麦郎拉面范纸杯造型包装

（4）其他类型的纸结构

托盘盒、套盒和袋式结构也常常被用于基本包装设计，作为内包装或者相互组合从而构成各种完整的包装设计系统。套盒有一些不同造型，可被模切成各种轮廓或形状，进而创造出独特的外观效果。纸或轻质纸板也可用来制作各种柔软的袋式结构。底部呈四方形的纸袋虽看似普通，但已有约200年的历史，并且至今仍被人们广泛采用。作为二级包装物的购物纸袋可为商家们提供极好的宣传机会，从而成为一家商店、一个品牌或产品的宣传工具。纸袋还可经塑料薄膜或金属箔层的挂面处理，以便为内盛产品提供更好的保护。（图1-47）

图1-47 2000米高原红茶的纸袋包装

二、塑料

塑料的种类繁多、属性各异，可满足各种盛装需要。塑料有硬有软，有单色的、彩色的，有透明的、不透明的，并可塑造成各种形状和尺寸。热成型塑料可在加热后软化，通过模塑、挤塑或压延工艺处理后成型。

最常见的塑料材料有以下五种。

1. 低密度聚乙烯（Low Density Polyethylene，LDPE）

低密度聚乙烯常被用于制作各种服装和食品包装袋、饮料瓶贴，有热缩包装薄膜或拉伸包装薄膜两种形式。（图1-48）

2. 高密度聚乙烯 (High Density Polyethylene，HDPE)

高密度聚乙烯硬度大、不透明，常被加工成牛奶、药品、化妆品、洗衣液的包装瓶。高密度聚乙烯通过闪蒸法技术，由聚合物经热熔后加工成连续的长丝再经热黏合形成柔软的材料——杜邦纸（杜邦公司生产，英文名Tyvek，中文名为特卫强），这种独特的工艺技术让杜邦纸结合了纸张、薄膜和织布的材料特性于一身。（图1-49、图1-50）

3. 聚对苯二甲酸乙二酯 (polyethylene terephthalate，PET)

聚对苯二甲酸乙二酯如玻璃一般透明，常被用于水和各种饮料的包装；食品类如花生酱、食用油和糖浆的包装；以及盛装食品和药品的包装袋。（图1-51）

图 1-48 低密度聚乙烯

图 1-49 高密度聚乙烯

图 1-50 高密度聚乙烯杜邦纸

图 1-51 聚对苯二甲酸乙二酯

4. 聚丙烯 (Polypropylene，PP)

聚丙烯常被用于制作保鲜盒、一次性奶茶塑料杯等。（图 1-52）

5. 聚苯乙烯 (Polystyrene，PS)

透明的聚苯乙烯常被用于制作 CD 盒和药瓶；高抗冲聚苯乙烯则常被用于制作一次性的热成型包装盒；泡沫聚苯乙烯俗称泡沫、保丽龙，常被用于制作各种物品的缓冲物，也可用其直接制成杯、盘、盒等包装容器来包装物品，如纳豆包装盒。（图 1-53、图 1-54）

6. 聚甲基丙烯酸甲酯（Polymeric Methyl Methacrylate，PMMA）

即人们常说的亚克力。它具有水晶般的透明度，透光率在 92% 以上，光线柔和、视觉清晰，用染料着色的亚克力又有很好的展色效果。透明亚克力板材具有可与玻璃比拟的透光率，但密度只有玻璃的一半。此外，它不像玻璃那么易碎，即使破坏，也不会像玻璃那样形成锋利的碎片，常常用作高档产品的礼盒包装或者 POP 展示架。（图 1-55）

有了种类繁多的塑料和各种加工工艺的帮助，结构设计师们就能创造出各种新颖的包装形式了。

（1）包装瓶 硬度★★★★★

包装瓶代表的是一大类硬质塑料包装，

图 1-52 聚丙烯

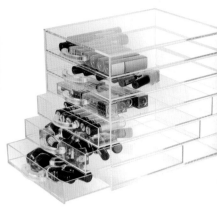

图 1-53 高抗冲聚苯乙烯 热成型包装盒　图 1-54 泡沫聚苯乙烯　　　　　　　　　　　图 1-55 聚甲基丙烯酸甲酯

可有瓶、罐、桶、盆等多种形状选择。由于硬质塑料结构可在盛装产品时保持其自有形状，并可根据客户需求进行加工定制，因此可作为储存包装。包装瓶以及其他形状的包装结构都可进行模内贴标，有多种颜色选择，适用于金属着色和添加金属效果，并能经受压印和各种整饰工艺的处理，如凹凸丝网印刷和热烫箔处理。（图 1-56、图 1-57）

（2）泡罩包装 硬度★★★★

另一种硬质塑料包装结构就是泡罩式包装。这种包装结构是经热成型加工而包裹在产品的前表面，从而使消费者能够通过透明塑料直接看到产品本身。泡罩通常会附着在一块起支撑作用的纸板上，这块纸板上会印有包装设计的各种平面效果。衔接式泡罩或称双泡罩（壳式包装）则是在产品的正反两面均包裹上泡罩，从而使消费者可以看到产品各面的效果。也可将平面图案直接印制在这种塑料结构上。典型的泡罩式包装都会在包装结构的顶部打孔，以便能够固定在零售商店里的挂钉上销售。玩具、大批量销售的化妆品和个人护理产品、非处方药、电池、电子产品和五金类产品就是通过泡罩式包装进行销售的产品。在过去，泡罩式包装虽容易开启，但同时也增加了产品被偷窃的风险。如今，新式泡罩设计则大大增加了开启难度，使产品免遭商店盗窃行为的侵扰。（图 1-58）

图 1-56 每日鲜语设计师联名款包装，采用了如玻璃般透明的 PET 瓶

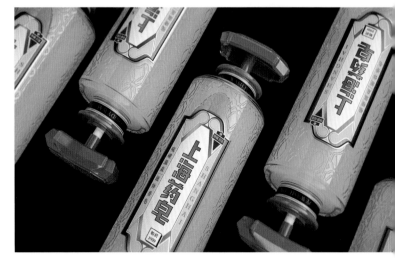

图 1-57 上海药皂液体香皂，塑料瓶身上有凹凸图案，不仅美观还有防滑作用

图1-58 泡罩包装

图1-59 FRANGI芙蓉肌女神系列,白色的包装管上印刷了反光材质,视觉美观的同时暗示了产品的美白亮白功效

图1-60 瑞幸花魁5.0咖啡豆,添加了银色材质的多层覆膜塑料包装

图1-61 竹态原生态竹纸,多种形态的生活用纸塑料包装

（3）包装管　硬度★★★

塑料包装管在填充好产品之后会加掀盖或螺丝盖,然后倒置过来将盖子当作底部。随着塑料生产新方法、新式塑料和加工工艺的出现,结构设计师们开发出底部轮廓颇为独特的新式塑料管包装。然而由于其形状为上粗下细,用于品牌宣传和产品信息的展示区域也颇为有限,所以在包装管上进行平面设计的工作往往充满挑战。可在包装管成型之前或之后进行印刷处理。（图1-59）

（4）包装袋　硬度★★

包装袋通常由数层塑料膜制成,每层覆膜都有其特定功能。外层膜非常适于印刷,可由塑料、金属化膜、金属箔层或者纸制成。塑料膜可经"逆转印刷"工艺处理,即将图案设计翻贴并印刷在膜的后面或内侧(即膜下印刷或称埋式印刷),防止这些图案直接因暴露于零售环境中而受损。覆膜的中间几层通常会为产品形成阻隔保护。随着新材料、新加工方法和填充工艺的诞生,使用塑料薄膜包装的产品门类已经大大增加。（图1-60、图1-61）

（5）标贴　硬度★

饮料瓶标贴通常由塑料薄膜制成,也可由纸、纸质覆膜制成,后表面可施胶也可不施胶(如对压敏式)。标贴可以是全包裹式的,也可以是定点覆盖的,且可以模切成各种形状以配合包装结构的轮廓。热缩薄膜,就可用于标贴制作。这种材料在受热以后就可进行伸展并包裹在其覆盖对象的周围。塑料容器、玻璃瓶、包装罐以及其他硬质包装结构都可由这种柔软包装材料包裹。可事先在热缩薄膜上印刷各种包装设计图案,这样一来即使是那些难以直接印刷的复杂包装曲线和复杂表面也能被完全覆盖了。（图1-62）

三、玻璃

玻璃容器形态、大小和颜色各异,是适用于大多数产品门类的常见材料。玻璃可被塑造

成各种独特形状，可以设计成各种大小的开口，应用各种压印图案，还可通过其他修饰方法提升包装设计的整体效果。玻璃的化学稳定性（即它不与所盛物质发生反应）使它成为易与某些食品、药品或其他不稳定产品发生反应的包装材料的替代品。

　　与纸板相似，玻璃也作为一种包装设计材料而与塑料展开竞争。一方面，玻璃较重且易碎，会影响加工成本和运输成本，进而影响该材料的成本效率和包装适合度。但另一方面，由于其独特的视觉效果和质感，人们又会觉得玻璃是一种可靠且独特的高品质材料。因此它才成为化妆品、医药品、美食产品等的首选包装材料。人们大多觉得盛放在玻璃包装中的产品在外观、气味和口味上要更好一些，因此许多酒类、碳酸类饮料、能量型和运动型饮料、茶饮料、果汁甚至瓶装水也都采用了玻璃容器包装（如今高品质塑料包装瓶正在与玻璃展开竞争）。（图1-63、图1-64）

图 1-62 健力宝微泡水，使用热缩薄膜全包裹式标贴

图 1-63 小仙炖鲜炖燕窝，玻璃包装造型参考了宋瓷瓶型，将内敛、温厚、含蓄的中国传统文化完美诠释出来

图 1-64 雪花啤酒

四、金属

金属包装以马口铁、铝和钢为原材料。生产金属的原材料种类繁多、数量丰富，从而使得这种包装材料的生产成本非常低廉。加工食品、喷雾、油漆、化学品和汽车用品是最常使用钢制包装罐和包装瓶的消费品。铝材常被用于碳酸饮料、保健品和美容用品的包装；覆有铝箔的容器则往往被用于烘烤食品、肉类和预制食品的包装。

1. 金属罐

金属包装罐于19世纪早期问世，后来被用于英国军方的食物供给，随后传入美国。如今的金属包装罐重量很轻，通常由铝制成，而且常常涂有各种材料，以防止包装金属与产品发生反应。包装罐通常被设计成两件式或三件式。两件式包装罐包括一个有底的圆筒结构和一个另外装配的顶部结构。这种包装罐没有边缝，因此更便于在整个圆筒表面进行印刷。碳酸饮料罐就是经印刷装饰的两件式包装罐的典型例子。三件式包装罐是各种包含单独装配的顶部和底部的圆筒结构。典型的三件式包装罐常附有纸质标贴，以便展示品牌标识和产品信息，例如罐装蔬菜和汤类食品。有些三件式包装罐的表面上直接印有包装图案。与玻璃相似，这些包装罐也不易发生化学反应，因此可为产品提供更好的保护。包装罐强度高、占用空间少且可回收利用。（图1-65、图1-66）

图 1-65 青岛白啤，采用两件式铝罐包装

2. 金属管

金属包装管通常由铝制成，往往作为医药品、保健品和化妆品，如霜、啫喱、油、身体润滑剂，以及一些半油状产品比如油画颜料、黏合剂、密封胶、填缝胶、油漆和其他家用产品及工业用品的包装结构。经过特殊材料覆膜处理后，金属管就不会与内含产品发生反应，因此可以有效保护产品，而且重量极轻。（图1-67）

3. 金属盒

金属包装盒通常由马口铁制成，常被作为

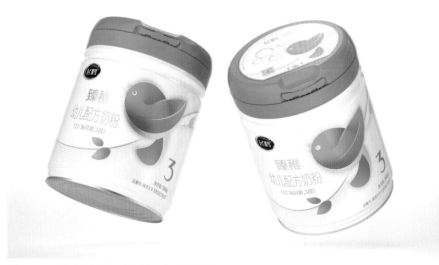

图 1-66 飞鹤臻稚幼儿配方奶粉，金属罐体装配塑料开口设计

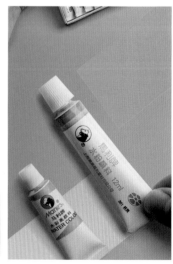

图 1-67 金属管包装

图 1-68 天士力卓清速溶茶，将云南植物、风光、建筑作为创作元素，以现代装饰图案风格塑造在金属盒之上

高档食品如月饼、茶点的包装。马口铁具备优秀的阻隔性、阻气性、防潮性、遮光性、保鲜性，密封牢靠，能较好地保护产品。金属包装盒可根据不同需求制成各种形状，如圆形、椭圆形、方形、马蹄形、梯形等。金属包装盒精致漂亮，自身带有金属光泽，再加上色彩艳丽的图文装饰，能很好地提高包装档次。马口铁可以重复使用也可以回收重新加工，循环使用，是非常环保的包装材料。（图 1-68）

　　除了以上列举的常见包装材料，日常生活中还有多种多样的复合材料被广泛使用。如我们熟知的用来包装牛奶、果汁、饮料的利乐包装，就是用纸、聚乙烯塑料和铝箔复合而成的，还有近几年在我国发展比较快速的秸塑复合材料（特指以全生命生长周期低于一年的植物纤维生物质，如农作物秸秆、外来入侵植物如大米草和加拿大一枝黄花的秸秆等或其他生物质废弃物如银杏叶渣、烟秆等为原材料，利用高分子界面改性处理和塑料填充等手段，与一定比例的塑料聚合物配混，经特殊工艺加工成型的一种可循环利用的新型环保材料）正在成为包装材料届的新宠。（图 1-69、图 1-70）

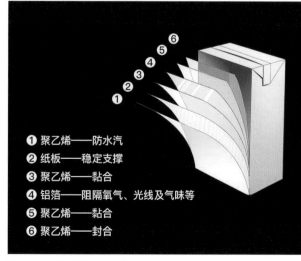

❶ 聚乙烯——防水汽
❷ 纸板——稳定支撑
❸ 聚乙烯——黏合
❹ 铝箔——阻隔氧气、光线及气味等
❺ 聚乙烯——黏合
❻ 聚乙烯——封合

图 1-69 利乐包装分层说明

图 1-70 使用秸塑复合材料制作的咖啡杯

思考与练习

1. 收集三款在网络营销中推广的产品包装，再收集三款超市中购买的同类产品包装，对比分析数字营销环境下包装的功能和作用有哪些新变化。

2. 包装设计中的文字编排设计和广告设计中的文字编排设计有哪些相同点和区别？为收集到的一款产品包装重新设计品牌形象文字、广告宣传文字、功能说明文字。

3. 绘画艺术作品和包装设计插图有哪些区别和联系？分别用摄影、插图、图形与符号的形式为收集到的一款产品包装重新设计图像。

4. 信息设计的目的和作用是什么？为收集到的一款产品包装重新编排文字说明信息，要求是让人方便快捷地阅读并掌握信息。

5. 收集 3-5 种不同类型的折叠纸盒包装，将其拆开，对比各部分结构的不同，尝试对其结构进行改造，改变纸盒的外部形态。

CHAPTER 2

一

第二章

经典创意技巧

第一节 形态学矩阵

一、基本原理

形态学矩阵是一种让思维更有条理的方法，一般认为它是由瑞士的天体物理学家弗厘茨·兹威基（1898—1974）发明的。当解决问题或完成任务时，这种方法要求按顺序罗列出能想到的所有可能，并一一加以研究，以便对问题的各个方面有一个全面的把握。通过建立并填写形态学矩阵，可以把复杂的问题分割成几个部分，从而变得容易控制和解决。当这些组成部分被重新组合在一起时，最后的解决方案也就自然而然地产生了。在初次尝试之前可能会感觉程序很复杂，其实只要执行一次，便会发现它的简便和有效，甚至有出人意料的收获。

二、应用的时机

形态学矩阵最适用于包装、样品宣传册、广告折页、邮寄广告或者标志的创意。它将材料、形状、颜色以及文字有条理地组织在一起，为新鲜有趣的创意提供了大量的可能性。

三、事先确立目标

在第一次使用这种方法之前，检查一下自己以及整个团队是否对要达到的目标有清醒的认识。第一步是最关键的，多花些时间来确立正确的目标。在随后的整个创意过程中，这个目标都将会像指南针一样，为你们引导方向。把定下的目标写在图表的上方，时时回顾，保证自己没有迷失方向。

无论是团队协作还是一个人单独工作，形态学矩阵都可以取得很好的效果，找到新颖的创意，要保证开始时尽量让思绪自由发展，别急于得到结果，要等积累了足够的构思时再对它们进行评估、加工和选择。

应用形态学矩阵有四个步骤。

第一步：确立目标。

第二步：把问题分割成较小的组成部分。拿一本样品宣传册来说，这些部分可能包括材料、形状、封面、质地（过塑、压花）、开本、绘画、装订方式、页面版式、字体、颜色以及内容，把这些都列到矩阵图中。

第三步：分析每一个组成部分可以采用的形式，记录在它们旁边的空白处。例如，仍然是样品宣传册，在"材料"一栏旁边，你可能会写上，纸、泡沫塑料、织物、木头、卡片、马口铁、塑料、PVC、皮革等。

第四步：这是最具创意的一步。把不同部分的各种形式组合起来，看看是否能够带来什么新的想法。对样品宣传册来说，你可以随意将各种可能使用的材料、形状、质地和版式组合起来，直到找出一个实用的方案。组合的关键之处在于，不能只是把各个部分胡拼乱凑在一起，然后期待奇迹来临。还要试探各种可能性，让它们在一起撞击出真正的好创意。

四、创意的评估与完善

如果一切进展顺利，无论是团队还是个人创意过程结束时，都应该积累了相当多的初步构想。这时应该以轻松的心态对这些创意作进一步的发展和完善，直到最后再对所有的想法进行评估，选出最佳方案。

五、实例：辽宁文学馆标志

这个例子显示了形态学矩阵是如何迅速而容易地解决问题的。下面是一个矩阵式图表，你可以在一张纸上画出类似的图表，填上分解出的各个部分以及相应的构思。这些部分可以用语言来表示，也可以像这个例子一样，使用图画和符号。等图表填满以后，查阅上面的记录，就能够找出在设计以"辽宁文学馆"为主题的标志时可资利用的多种变化。即使这张图不能直接提供答案，它也能够启发大家的思路，从而找到最佳的创意。（图2-1）

组成部分	已知或可能的解决方案								
词语或字母元素									
图片元素（笔）									
图片元素（书）									
图片元素（地图）									
图片元素（年轮）									
图片元素（标点）									

图2-1

第二节 奥斯本清单

一、基本原理

20 世纪 50 年代早期，美国人亚力克斯·奥斯本用一份清单列出了创意的各种方法。作为广告业的从业人员，他发现通过回答某些特定的问题，然后利用得出的答案将要解决的问题重组，就可以比较容易地找出最终的结论。奥斯本最初设计这一清单的目的是为开发和改良产品提供帮助，经过德国创意人马里奥·普瑞根的修改和补充，使之同样可以应用于包装设计和广告设计，带来令人满意的效果。

二、应用的时机

在为包装、样本、折页广告、直邮广告或者其他特殊形式的广告和产品寻找创意时。

三、事先确立目标

同样，当使用奥斯本清单时，一定要对自己的目标有清醒的认识，这样才能从开始就把握住前进的方向。例如可以这样表达你的目的：怎样设计彩色铅笔包装才能使消费者乐于把包装改造成立体贺卡？在创意的全过程中，主创人员都要意识到这个目标的存在。

使用奥斯本清单的方法主要有四个步骤。

第一步：确立目标。

第二步：将清单中的某个概念与你的目标联系起来。

第三步：记录下所有的建议，或者勾画出简单的草图。

第四步：运用这一方法时，成功的要诀在于对所选定的概念进行充分深入的挖掘。认真探讨每一种可能，直到一个概念已经没有进一步研究的价值时，才能再从清单中选择下一个。

如果一切进展顺利，当探讨结束时应该收获大量的初步设想。试着通过画草图的方式来发展这些想法。最后才能对这些创意进行评估，从中选出最好的一个。

四、奥斯本清单的内容

1. 大小、比例方面可以做哪些变化？

让它变得更大，更长，可充气，可折叠，可自动打开，更宽，更厚，更高，可分解，可溶于水，短一点儿，窄一点儿，薄一点儿，矮一点儿？

2. 如何改变其形状及功能？

让它更复杂，变成球形，三维，适应性更强，更简单，可以回收再利用，变成两用，不定形，可以延展？

3. 是否可以改用另外的表面？

让它变得更光滑，具有丝一样的质感，更柔软，更有弹性，更粗糙，透明，打褶，突起？

4. 它可以有多少种结构方式？

它是否可以包含更多部分，或者更少的部分？这些组成部分能否合并、改变？你能不能把它折叠，卷起来黏在一起？它是不是可以更简单一些？

5. 它是不是可以更有效？

它是否可以更合理，更经济，更清楚，更节能，更省材料，可以充气，可以移动，可以两面使用，更有趣？

6. 如何提高它的性能？

它是否可以更强，效率更高，更快，弱一些，效率低一点儿，慢一点儿？

7. 用户可能用它派什么别的用场？

有哪些需要他们解决的问题？是否需要安装、裁切、卷绕、分割、收缩、打开？

8. 可以使用什么材料？

更坚硬的，更结实的，更耐用的，弱一点儿的，易碎的，使用寿命短一点的？使用多种材料？合成的还是天然的？

9. 如何更好地传递信息？

让它更明显，触目惊心，更清晰，更清淡，更隐蔽，更低调？

10. 应该运用哪种风格？

保守的，传统的，历史的，现代的，最流行的，未来的？

11. 它应该具备什么特性？

更友好，更可爱，更有趣，更理性，更严肃，更酷，更宏伟？

12. 颜色呢？

更明亮，多色调，黑白，有图案的，素色，透明的，不透明的，适用于色盲者？

13. 怎样利用声音或噪声？

更柔和的，低沉的，静默的；歌声，说话声；更响一些，更具音乐性？

思考与练习

1. 利用形态学矩阵的方法，设计一款产品的品牌标志。

2. 利用奥斯本清单的方法，为一款产品筛选出合适的包装方案。

CHAPTER 3

一

第三章

包装设计项目实践

一、日式温泉酒店端午节粽子礼盒包装设计（作者：李明悦；指导教师：芦玉铭）

1. 对中日端午节文化习俗的调研

端午节是中国四大传统节日之一，它能自古流传至今，是因为它有着丰厚的文化底蕴和习俗魅力。据统计，在我国传统节日中，端午节以别名最多而著称，它的别名大概有 20 多个，堪称节日别名之最，这也说明了端午节在我国传统节日中的地位。而关于端午节的起源，则是众说纷纭，有纪念屈原之说、纪念伍子胥之说、纪念孝女曹娥之说、纪念白娘子之说、纪念介子推之说，等等。相应地，端午节的习俗也有很多，如龙舟竞渡、食粽、佩香囊、悬艾叶、喝雄黄酒、张贴钟馗像等。2009 年 9 月，联合国教科文组织正式批准将端午节列入《人类非物质文化遗产代表作名录》，端午节成为中国首个入选世界非物质文化遗产的节日。

日本的端午节在飞鸟时代由中国唐朝传入，最开始同我国一样，日本人会在农历的五月五日过端午节，吃粽子、挂菖蒲、喝雄黄酒。明治维新后日本改用公历，于是端午节的法定日期也改为公历 5 月 5 日，但部分地区的端午节活动仍按旧历日期进行。1948 年，日本政府把 5 月 5 日定为男孩节，两个节日同日，更加丰富了节日的内涵。在这一天，家里要为男孩们挂起鲤鱼旗。

如今，端午节已成为东方众多国家的重要节日，由此可见中华文化的强大魅力。不过，由于不同地域历史的变迁及文化沿袭的差异，各地在欢度端午节时所举行的活动也不完全一样，各有千秋。

2. 对端午节粽子礼盒包装设计的调研

传统的端午节粽子礼盒设计为迎合大众市场需求，在图案设计上，通常以粽子实物拍摄为主，字体上以书法字体居多，将大量的中国传统元素堆砌，整个包装缺乏设计新意。在包装结构上，类型也较为单一，礼盒样式趋同，缺乏自身特色。（图 3-1）

图 3-1 市场上常见的端午节粽子礼盒包装

3. 温泉酒店特色调研

这座日式温泉酒店最大的亮点是采用了让人过目不忘的日式枯山水园林景观样式。庭院由细沙碎石铺地，加上叠放有致的石组，构成微缩式的园林景观，偶见苔藓、草坪或其他自然元素。枯山水没有水景，其中的"水"由沙石表现，而"山"由石块表现，人们会在沙堆的表面画上纹路来表现水的流动。整个园林几乎不使用开花植物。这些静止不变的元素产生使人宁静安适的疗愈效果。（图3-2）

图 3-2 酒店庭院的枯山水景观

4. 探索中日传统文化与端午节礼盒包装设计的新融合

通过大量调研，设计团队对此次粽子礼盒设计也有了新的考量。在突破传统设计的方式中找寻更优的、能更好代表中日传统文化的元素，使其更新颖的同时又紧跟整体的节日氛围基调，设计出别出心裁的粽子礼盒包装。因此，以"粽游东方"为主题的端午节粽子包装设计得以确立。

在《粽游东方》的包装设计中，主要以"粽"这个小视角来游历整个"东方"的大环境。作者将"鲤跃龙门，步步高升""江河泛舟，龙舟竞渡"的意境元素进行提取、设计。（图3-3）

在包装形式上也有一定的变化，不再是单纯的单个礼盒，而是枯山水形式的双层结构。在极具中国端午节文化特色的同时又表现了一定的日式东方元素。

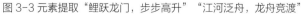

图 3-3 元素提取"鲤跃龙门，步步高升""江河泛舟，龙舟竞渡"

（1）端午节传统元素的提取

为区别于以往的礼盒设计，《粽游东方》粽子礼盒主要分为上下双层式，可每层单独销售，也可双层合并销售，以满足不同消费需求。两层皆以青绿色为主，营造出沉浸于江河、湖泊中的感觉。

第一层：鲤跃龙门，步步高升。在第一层包装盒图案设计中，选择了锦鲤、圆月、粽叶纹路等端午节元素，这些元素都具有吉祥美好的祝福寓意。其中锦鲤下方的同心圆，象征的不只是鲤鱼破水而出的波纹，也是水中倒映的圆月，寓意着美好、团圆，寄托了相思之情。（图3-4、图3-5）

锦鲤寓意着好运　　　　　圆月寓意着团圆、寄托相思之情　　　　粽叶寓意着"功名得中"

 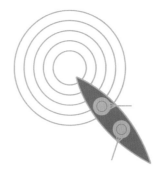 

图3-4 文字与图案元素设计图

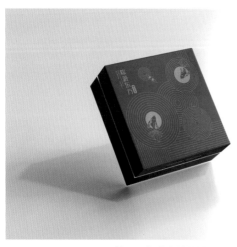 

图3-5 第一层包装盒整体效果图　　　　　　　　图3-6 第二层包装盒整体效果图

第二层：江河泛舟，龙舟竞渡。第二层在提取端午节传统元素的基础上，放眼整个江河、湖面的环境，进行了更深度的探索与挖掘。图案主要以小船、船夫、涟漪等为主，而这些涟漪也不只是单纯的水纹，而是由粽叶上的细小条纹所围绕的圈圈纹路，连绵不断的同心圆象征着"圆满"，浸透着中华民族先民最朴素的哲学，圆则满、满则圆、生生不息，表达着团圆美满的祝愿。（图3-6）

（2）结构设计的新探索

为了结合日式温泉酒店的特色文化，在礼盒内部的设计上借鉴了日式枯山水的样式。

枯山水主要是由细沙、岩石、树木等组成，从整体布局看来抽象、简约，极具韵律之美。枯山水底部由细沙组成的部分通常会制成同心波纹，同心波纹象征着鱼儿出水，正好也贴合《粽游东方》外盒包装的设计概念。为了营造枯山水的形式，以"粽"作为岩石小山镶嵌在由同心波纹相连的江河中，既保持了粽子运输的稳定性，又增添了美观性与趣味性，表现出一种畅游于天地之间的自由之感。内盒底纹的设计与外盒相呼应，依旧呈现着江河泛舟之景。（图3-7至图3-12）

图 3-7 日式枯山水

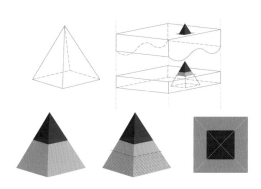

图 3-8《粽游东方》粽子礼盒结构设计草图

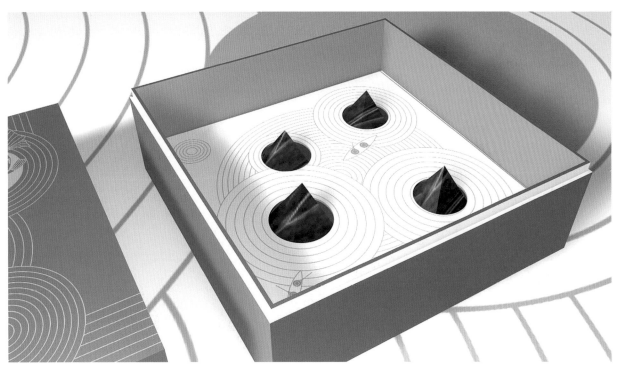

图 3-9 枯山水形式包装盒内部细节图

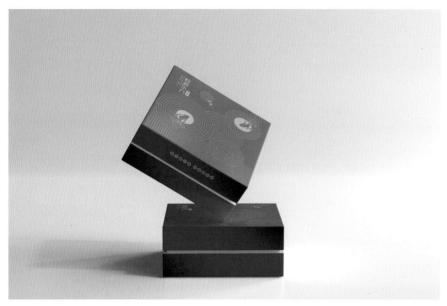

图 3-10 双层礼盒包装效果图

图 3-11 单层包装手提袋

图 3-12 礼盒单层包装与整体包装

5. 工艺

此礼盒为固定纸盒结构，枯山水内部结构采用模切工艺，盒体绿色和金色采用专色印刷。

6. 结论

通过端午节粽子礼盒的包装设计，我们进一步了解到了中国传统文化的丰富内涵与独有魅力。因为这些多样的历史文化因素，也为设计元素的提取给予了更多的选择性与可能性，使整个设计不再局限于单一的视角，而是拥有更广阔的设计格局。

《粽游东方》粽子礼盒设计的完成，正是这些多元的历史文化所提供的灵感。在众多文化因素中，继承与选择更适合的元素注入新的设计之中，赋予这些设计更鲜活的生命力是十分重要的一步。

二、中秋月饼礼盒包装设计（作者：徐艺珊、魏铭阳；指导教师：芦玉铭、王炜丽）

1. 对五星级酒店中秋礼盒设计的调研

五星级酒店中秋礼盒面对的主要消费群体为中高端商务人士和大型企业团购，应用领域属于中高端市场，因此要求礼品包装设计更具国际化视野，更青睐形式新颖、题材创新的礼品包装。从往年应用的包装设计类型来看，材质上，包含马口铁、固定纸盒、折叠纸盒等常用材质；结构上，形式比较多样化，以大体积礼盒为主；平面设计上，构图更具特点，插画艺术水准更高，画面丰富细腻；主题选择上，较为传统，以表现传说、花卉植物居多。（图 3-13）

2. 中秋礼盒主题确立

随着各种品牌界的中秋礼盒营销与设计争相"内卷"，中秋节已然成为品牌设计师们集体的命题作业。如何将月饼礼盒从旧主题中提取出新含义就显得尤为重要。

随着人类航天事业的进步与发展，"明月千里难触摸"已经成为过去。中国探月工程二期发射的月球探测器"嫦娥四号"于 2019 年 1 月 3 日在月球背面预选区着陆，这是人类第一个着陆月球背面的探测器，实现了人类首次月球背面软着陆和巡视勘察，意义重大，影响深远。2021 年，中国再次取得了航天的巨大进步：5 月 15 日中国"祝融"号火星车成功降落在了火星乌托邦平原南部的预选着陆区域；中俄两国决定合作建设国际月球科研站；中国南京航空航天大学航天学院院长叶培建院士表示，在 2030 年之前，实现中国的载人登月是完全可能的。这意味着中国在不久的将来会有能力承载民众进行太空旅行，这也是人类实现"飞天梦"后，"太空旅行"打开了紧闭的大门。

以上热点事件触发了作者的创作灵感。作者将两个世纪以来人类登月的大事件进行梳理，从 1957 年苏联发射的第一颗人造地球卫星离开地球，到 2019 年中国"嫦娥四号"第一次登录月球背面，人类在月球上迈出的每一小步，都是航天技术进步的一大步。所以作者最终将主题定为"登月日记"，以航空日记的形式记录人类对月球探索的伟大事迹。

图 3-13 希尔顿酒店、君悦酒店、三景韦尔斯利酒店往年中秋礼盒包装参考图

3. 中秋礼盒外包装创意

外盒以"登月日记"主题为基础，将外包装设计赋予一些情节：又是一年中秋日，人类再次从地球而来，专门探望这颗专一且浪漫的卫星，却碰巧在月球上发现了一只玉兔，于是向其招手，示以星际交际礼。这一奇幻的设定又给主题创意增加了几分趣味与可爱。（图 3-14）

从前期创作的草稿可以看出，设计者对每一处装备的细节都进行了合理夸张的刻画，使宇航员人物既符合形象，又区别于现实。不同于以往的二维插画创作，在这次创作中，作者对宇航员的形象设计进行了不一样的尝试——3D 建模。其目的不仅仅是使形象立体，更重要的是体现一种带有未来感、科技感的视觉冲击。

在创作后期，作者使用雕刻技术增加模型的褶皱细节与质感，之后进行骨骼绑定，最后进行模型的材质赋予与打光渲染。画面的神来之笔是利用宇航员面罩的反射呈现出玉兔的形象，将二者相遇的场景巧妙地表现出来，具有影视语言特征。

为了放大视觉冲击力，作者将宇航服设计成全白，与幽暗浩瀚的宇宙背景产生强烈的色彩对比；黑色的面罩与反射的白色玉兔影像也形成了鲜明对比，从而增加了画面的张力与感染力。（图 3-15 至图 3-19）

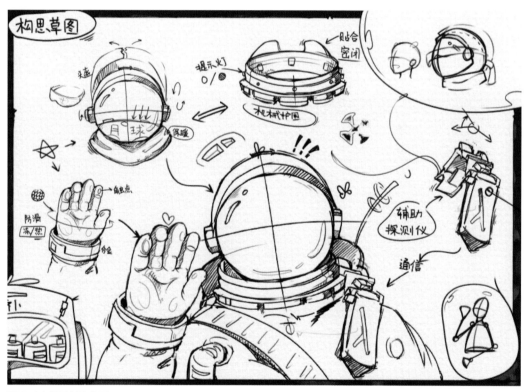

图 3-14 草图创意构思

图 3-15 初模型绑定骨骼图

图 3-16 初模型调整动作图

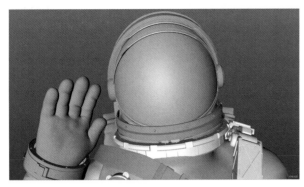

图 3-17 模型细节深化打磨图

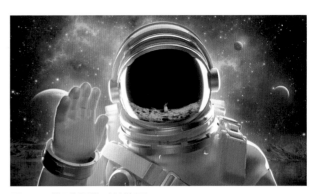

图 3-18 模型材质打光渲染图

图3-19 "HELLO MOON"文字添加渲染图

4. 中秋礼盒内包装创意

外盒包装打开后是一张硫酸纸衬纸，衬纸平铺在月饼盒内部最上方，印有"登月日记"的主题内容，以时间为序记录了人类登月的 16 个大事迹，在画面中心设计了月球图形和"登月日记"的主题文字，月球表面具有凹凸不平的压凹工艺，体现出月壤的肌理感。（图 3-20）

月饼包装小盒使用了银色材质，体现了航空科技的未来感。每个包装小盒都体现了登月大事件的具体内容，使观者易懂，搭配图形进行诠释。后期印刷将采用压凹工艺增加包装的肌理感。（图 3-21 至图 3-23）

图 3-20 硫酸纸衬纸

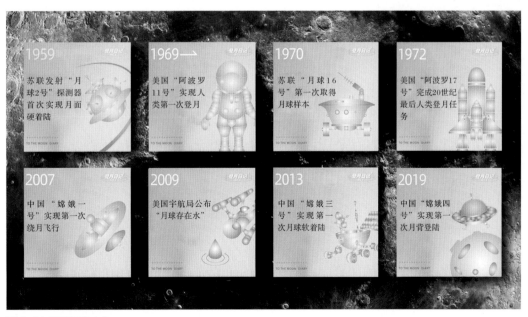

图 3-21 月饼包装小盒

图 3-22 外盒场景

5. 工艺及其他

此礼盒外盒为固定纸盒，月饼包装小盒为折叠纸盒，采用四色印刷，局部使用压凹工艺。

附 3D 模型的后期介绍。

宇航员后期分为材质、打光、贴图三大部分。

材质：不锈钢材料和不锈钢低粗糙材质、白色光泽材质及光泽布料材质。

打光：主要以侧光和背光为主，强调宇航员模型的轮廓与体积感，在保证体积感的同时，前面打一束微弱的平行光来增加布料的光泽感和金属的层次感，最后置一些小光源，补足模型上光源欠缺的部分。

贴图：宇航员头盔反射的是在月球上和兔子面对面打招呼的场景，呼应了登月的主题，并随之调整月球的地形与真实反射的形变和暗角。

三、结论

在继承了中国传统中秋节文化的基础上，作者从人类探月的角度出发，为中秋节赋予了新时代航天文化符号，这不得不说是一次古今文化的碰撞与融合，是一次全新的创意尝试。对于产品包装设计而言，我们不能一直局限在小的细节中做改变，还需要放眼整个世界，创造更有时代感的、更具中国特色和国际视野的设计作品。

思考与练习

1. 传统食品包装设计的局限性有哪些？优势有哪些？
2. 为一款具有地域特色的传统食品设计礼盒包装，包含小包装、大包装、手提袋包装三部分。

图 3-23 内盒场景

一、对红色文化传播方式的调研

随着我国各大主流媒体在各种新型社交场合的集体亮相，我们发现代表着红色文化的传播方式也突破了传统，呈现出与以往相比更加蓬勃的生命力，受众更加年轻化。与此同时，从近几年国潮文创产品推广成功的案例中，我们发现某种文化传播与其相关的文创产品之间存在着极其活跃的互动关系。以北京故宫为例，随着故宫文创产品热销，故宫文化也受到越来越多年轻人的喜爱。最直观的反映体现在参观故宫的年轻人变多了：据故宫发布的统计数据，2019年故宫接待量突破1900万人次，40岁以下观众数量占全年观众总数的56.16%。年轻观众尤其是"80后"和"90后"，已成为参观故宫的"主力"。

红色文化与故宫文化虽属于不同时期的历史文化类型，但通过故宫文化推广的成功经验，我们可以了解，严肃主题的历史文化同样可以被青年一代喜欢和接纳，新时代红色文化传播与红色文创之间也存在着互动关系。

红色文化是一个取之不尽的宝藏，文化符号比比皆是。与此相反的现状是当前能够承担红色文化传播功能的文创产品品类严重匮乏，大部分产品缺少时代感与创新，缺乏文化特色，同质化严重，设计表现方法单一，这样的矛盾亟须解决。

二、红色文化符号的提取

红色文化符号的意义内核集中体现为红色精神，其形式载体则可以分为物态载体和非物态载体两个方面。物态的红色文化符号，是中国共产党领导人民在长期改造客观世界的活动中所形成的一切物质生产活动及其产品的表现形式，是红色文化中可以具体感知的、摸得着、看得见的符号载体，即具有物质形态的红色文化符号形式；非物态文化符号就是那些不具有具体形象的文化符号形式，虽然是非物态形式，但它们所承载的精神和发挥的作用与物态载体是一致的。

基于以上分析，我们参考了形态学矩阵和奥斯本清单的做法，将大量红色文化符号梳理成图表，便于下一步的提取和设计。（图3-24）

三、"信仰之源"——陈望道译《共产党宣言》纪念邮票伴手礼包装（作者：王炜丽、李凌枭、徐嘉璐）

伴手礼共分为三部分，第一部分是李晨教授创作的"陈望道译《共产党宣言》纪念邮票"及原画复制品。画中描绘了陈望道先生翻译《共产党宣言》时的工作场景，在方寸间再现《共产党宣言》中文全译本诞生的光辉历程。

李晨教授在梳理了陈望道生平事迹资料，对《共产党宣言》的内容

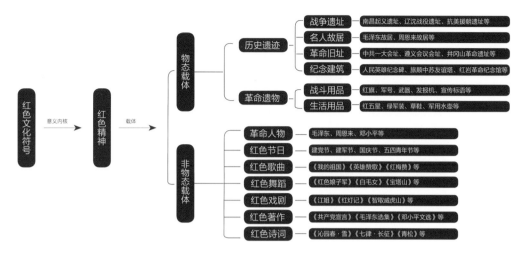

图 3-24 红色文化符号载体

有了更深入的了解后，寻找图像信息，确定了设计方案，图稿按照历史资料真实描述了陈望道先生翻译《共产党宣言》时的场景：为了避免嘈杂干扰，防备敌人搜查，陈望道就住在自家老宅附近一个破陋不堪的柴屋中，屋内只有一盏油灯、一块铺板和一条长凳。为了让画面更为生动感人，画家设计了陈望道一手执笔工作一手拿着粽子的姿态：只见他微低着头，表情严肃地专注于译稿，让人联想到吃粽子已成为他下意识的动作。通过粽子和砚台表现陈望道"承译巨著，墨汁当糖"的故事，这个场景让人由衷地感到是真理在感动和鼓舞着他，他已超然于物外。

第二部分是伴手礼的立体折叠页。这部分通过模切工艺，将 1921—2021 年的百年红色历程用长度递增的柱状镂空图形表现出来。通过光的照射，柱状镂空图形在李晨教授的另一幅画作《马克思》上投射出明亮的光束。

第三部分是陈望道译《共产党宣言》手册。将立体折叠页翻开后，利用丝带的传动力量将手册从凹槽中自动弹出，强化了整套伴手礼的红色精神特征。作品以红色和复古的黑白色为主基调，通过这样的对比，突出体现了中国共产党百年艰辛历程，红色经典传承的来之不易。

礼盒的开口处使用凹凸烫印工艺，提取了中国传统盘扣的图形形态，让人联想到一百年前的峥嵘岁月。盘扣中心的图形是中国传统寿字纹，暗合了中国共产党建党 100 周年的寓意。

此礼盒为折叠纸盒，采用四色印刷，局部模切，局部使用凹凸烫印工艺。（图 3-25）

四、"忆长征"饮品包装（作者：朱昕棣；指导教师：王炜丽）

1. 红色文化符号的选择与提取

《七律·长征》是毛泽东诗词的代表作之一，流传甚广，是典型的红色文化符号非物态载体。在诗中，毛泽东史诗般地再现了万里长征的艰难历程，歌颂了红军不怕困难、百折不挠、勇往直前的革命英雄主义和革命乐观主义精神。它大胆的艺术创新赢得了世人赞誉，也以隽永的文学形象深入人心。

"金沙水拍云崖暖，大渡桥横铁索寒。更喜岷山千里雪，三军过后尽开颜。"这两

图 3-25 "信仰之源"——陈望道译《共产党宣言》纪念邮票伴手礼包装

句是《七律·长征》的点睛之笔。短短两句，道出了毛泽东在长征途中心境从焦急忧虑到胜利喜悦的转换，生动地反映了红军辗转曲折的行动轨迹，艺术地再现了长征历经困苦走向胜利的光辉图景。（图 3-26、图 3-27）

图 3-26 金沙江江水湍急咆哮

图 3-27 雪山茫茫千里冰封

句是《七律·长征》的点睛之笔。短短两句，道出了毛泽东在长征途中心境从焦急忧虑到胜利喜悦的转换，生动地反映了红军辗转曲折的行动轨迹，艺术地再现了长征历经困苦走向胜利的光辉图景。

2. 包装设计的视觉表达

因由"金沙水拍云崖暖"和"更喜岷山千里雪"这样的诗句和美好寓意，作者从中提取了"金沙水"与"岷山雪"两个关键词。同时，因为"金沙水""岷山雪"和饮品之间有天然的关联性，饮品是易被年轻群体接受的快消品，所以作者选择了饮品作为产品载体，并以"忆长征"为主题概括这款饮品的创意初衷。得力于新时代人群的消费更追求个性和自由，喜欢尝试新品，喜欢尝试未知，该产品旨在使人们通过品尝长征水，品忆长征精神，赋予饮品文化内涵，从而起到对红色文化的宣传作用。

包装设计的整体视觉规划为一曲一直，一暖一冷。

在"金沙水"中，作者运用蜿蜒曲折的线条来表现金沙江的气势磅礴。红军巧渡金沙江、强渡大渡河，都是长征途中非常重要的战略行动。在"金沙水拍云崖暖"中，诗人赋予江水和峭壁以灵性，既是实景描写，更突出表现了红军渡江之艰险。在色彩方面主要应用暖色调的金色，江水的尽头是升腾的红日，象征着红军的曙光就在前方。

在"岷山雪"中，作者运用粗粝坚硬的几何化线条来表现雪山的冷峻巍峨。画面中穿插的线条和点阵图形塑造出雪山的块面感。在色彩方面，主要采用冷色调的蓝色，来体现

图 3-28 设计步骤图

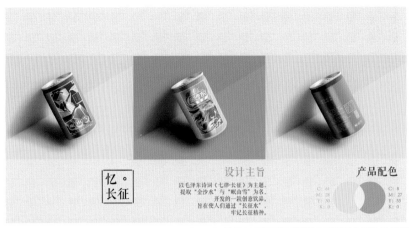

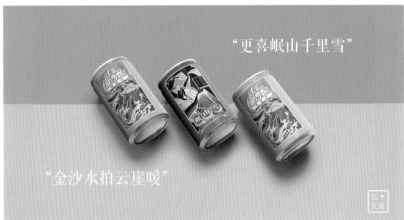

图 3-29 包装效果呈现

红军翻过大雪山，走过大草地，甩掉了身后的几十万追兵，直至跨过终年积雪的岷山所经历的严寒与重重险阻。（图 3-28）

五、工艺

此设计为两件式铝罐包装，四色印刷。（图 3-29）

六、结论

从上述两个案例我们可以看出，红色文化的确是一个取之不尽的宝藏，而我们要提取的红色文化符号应该是高度浓缩的，一看这个符号，就能联想到丰富的文化母体。红色文化符号应该有明确的造型、色彩、延展性，能以简洁的特征、独特的识别力和有力的情感印记打动大众。

现如今我国综合国力逐渐提高，国际社会地位不断上升，社会各项事业得到蓬勃发展，我们应该抓住这个历史机遇，加强国民尤其是青年的爱国爱党教育，而文创设计恰恰是能被青年一代喜欢和接纳的红色文化载体。

思考与练习

1. 红色文化建设对社会时代价值提升有哪些作用？

2. 利用红色文化资源图表，设计一款体现红色文化的产品并为其设计包装。

一、金家街潮玩形象的确立（作者：齐子宁；指导教师：王炜丽）

1. 对金家街工业文化的调研

金家街位于辽宁省大连市，这条老街沉淀着悠久的城市记忆。街上大部分老楼建于 20 世纪 50 年代，形成了独特的红砖瓦建筑风格。值得一提的是，这里是大连钢厂的孕育之地，百年的工业文化，工匠精神在此沉淀、传承。大连钢厂源于日本在大连进行殖民统治时建立的日企，但经过党和中央的接管和改造，在新中国成立后，它发展壮大为中国特钢的领路人，也被称为中国特钢的"摇篮"。大连钢厂为祖国的钢铁工业发展，特别是特殊钢的发展做出了重要贡献。它为我国研制第一枚导弹、第一枚远程运载火箭、第一颗原子弹、第一艘载人航天飞船等提供了大量关键材料。时至今日，归属于东北特钢集团的它，仍然在特钢领域熠熠生辉。而作为"钢铁故里"的金家街，近年来正以"文化兴街、产业强街"为发展思路，以"大钢""大化"工业精神为文化核心，立足街道来推动这里的文旅产业全面升级。（图 3-30）

码 3-1 潮玩 POP 包装

图 3-30 20 世纪大连钢厂生产车间

图 3-31 2019 年椒金山街道对金家街地区进行历史文化街的修造

图 3-32 1958 年，辽宁省大连钢厂精密合金研制小组在调试 600 制氧机的景象

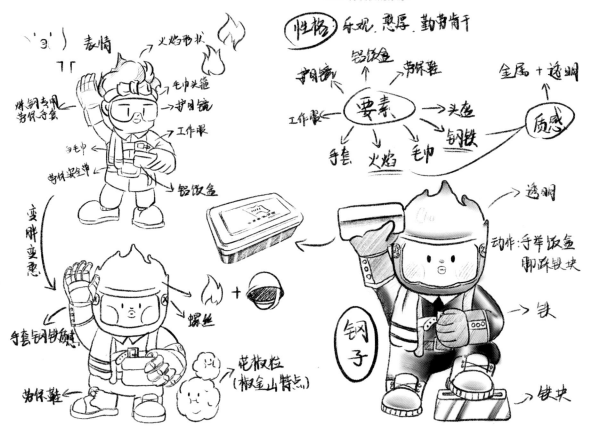

图 3-33 "钢子"的构思过程

2. 潮玩"钢子"的形象提取

作者在对金家街工业文化进行调研的过程中了解到，20 世纪五六十年代"工人阶级最光荣"，毕业能进厂当一名工人是许多年轻人的选择。身为工人阶级的那种自豪感、幸福感不仅写在脸上，也刻在了人们的心里。身穿蓝工装，肩披毛巾，手持铝饭盒，面容憨厚，吃苦耐劳，传唱《咱们工人有力量》……这是很多人印象中工人的形象。于是作者以 20 世纪五六十年代钢厂里的炼钢工人为原型，创作了潮玩"钢子"这一形象。（图 3-31 至图 3-33）

"钢子"的身体呈现出钢铁质感，头盔上有炼钢炼铁的火焰元素，肩搭毛巾擦汗，脚上穿着劳保鞋，憨态可掬，再现了新中国成立后的钢铁工人的精神面貌。作者以盲盒的形式创作了四款不同材质、颜色的"钢子"。

经典配色款"钢子",头部为磨砂树脂材质,身体为不锈钢材质,面部、毛巾等配饰为 PVC 材质。鎏金款"钢子",除面部及部分鞋子配饰外,通体为 PVC 镀金。渐变款"钢子",面部为 PVC 材质,其余部分为透明渐变树脂材质。烫银款"钢子",除面部及部分鞋子配饰外,通体为 PVC 镀银。(图 3-34)

二、金家街潮玩包装与 POP 展示设计

1. 从"钢子"的生活背景中提取包装的主题元素

"戴花要戴大红花,听话要听党的话……"这支 20 世纪五六十年代的老歌激励着许多那时候的青年工人。于是为了符合这种设定,营造钢铁厂斗志昂扬的氛围,作者将 POP 展示形式设计成了表彰大会的领奖台。在颜色上选用了红绿蓝这种经典复古的配色。在印刷方式上通过烫金来营造喜庆的氛围,字体选用了"草檀斋毛泽东字体"来映衬包装的整体感觉。此外,作者还将大红花和彩带元素利用立体拼贴的方式对包装加以点缀。(图 3-35 至图 3-37)

经典配色款   鎏金款   渐变款   烫银款

图 3-34

图 3-35 POP 正面展示图

图 3-36 包装设计与 POP 整体展示图

2. 包装设计与 POP 展示的融合

（1）让包装讲故事

生活在 20 世纪的钢铁厂工人"钢子"亦是梦想戴着大红花、上台接受表彰的工人之一。憨态可掬的"钢子"作为我们故事的主人公，终于在此刻圆梦，站在了作者为他搭建的表彰大会的领奖台上，接受礼炮与红花的庆贺，将大连钢厂工人自豪、斗志昂扬的面貌充分展现出来。

（2）确定融合形式

我们已经确定了 POP 展示是表彰大会领奖台的形式，接下来要将盲盒的包装与 POP 展示建立联系。于是作者在上述故事的元素中选择了"礼炮筒"这一元素。"礼炮筒"的筒内空间可以起到容纳潮玩的作用，又能够满足盲盒的"未知"性，更为重要的是可以与 POP 展示巧妙地相融合。在运输过程中，四个"礼炮筒"可以收纳在"颁奖台"中，在展示中作为包装本身的"礼炮筒"亦可以作为展示的一环斜插在颁奖台上，与背景板上的彩带相映衬。同时，"钢子"可以站在"颁奖台"中央进行展示。（图 3-38 至图 3-45）

（3）实验可行的材料、尺寸

在包装材料和尺寸的选择上，要协调潮玩本身、潮玩包装和 POP 展示之间的关系，同时兼顾成本、质量等要素。针对此包装设计与 POP 展示，作者在制作过程的反复试验下，有如下心得。

作者选用了高度与半径适宜、厚度合适的圆纸筒来制作礼炮，纸筒表面粘贴红色且带有"钢子"形象的烫金纸。烫金工艺对纸张的选择有较高的要求。为了较好地贴合纸筒表面，作者选用了表面较为平滑且厚度较薄的纸张。

"颁奖台"的制作采用一纸成型的方式。作者选用了有一定厚度、较为耐压、显色度较好且能够较轻易折叠的白卡纸作为载体。"颁奖台"的尺寸要与纸筒的尺寸相协调，要能够严丝合缝地容纳四个纸筒，从而避免运输过程中相互磕碰，也使纸筒在斜插展示的时候有较好的视觉效果。

图 3-37 立体拼贴细节

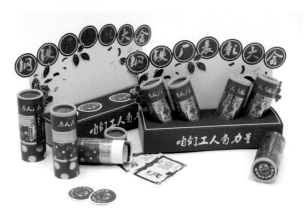

图 3-38 整体展示图

图 3-39 "礼炮"细节图

图 3-40 "礼炮"细节图

要注意四个纸筒在"舞台"表面的开孔间隔以及半径，间隔太近两边礼炮的下半部分会在中间的交汇处互相挤压。而开孔的半径决定了"礼炮"能否角度相同且牢固斜插在"舞台"上。

"舞台"的立面也就是POP的展示面，作者加入了主要的文字信息，在追求美观的同时要注意立面的高度，如果太高会导致力量不均衡使得整个包装向后倒。（图3-41、图3-42）

3. 在细节处增加互动性

为使收藏者不仅能感受潮玩本身的乐趣，而且能在拆盒过程中感受到包装的独特魅力，作者在包装的细节处增加了一些互动性，如在开孔处增加"开盖为钢子点燃礼炮"的字样；将"礼炮"中的角色卡设计成具有年代感的奖状。（图3-43至图3-46）

图3-41 "礼炮"贴纸烫金文件

图3-42 POP一纸成型展开图

三、工艺

此 POP 包装主体为折叠纸盒，一纸成型，采用四色印刷，局部模切。潮玩包装为纸筒结构，采用金色烫印工艺。

四、结论

在创作过程初期，作者通过听取椒金山街道金家街文旅项目负责人图文并茂的讲解，了解了金家街的文化核心，并通过查找资料、追溯历史记忆的方式为后续的创作提供源源不断的灵感。

本作品将包装设计与 POP 展示设计相融合，在视觉上，让它们迸发出 1+1>2 的效果，使得包装在符合节能环保的要求外更加富有生趣；在设计上，需要找到一个"融点"将包装设计与 POP 展示设计合二为一；在工艺上，要大胆尝试不同材料的碰撞结合，也要严谨细致地将设计落于实处。

随着中国文旅产业的不断发展，越来越多的地方单位开始挖掘历史记忆，找寻文化符号，打造文旅 IP。其中，包装与文创成为让这些记忆与精神再度回归大众视野的有效方式。用文化振兴文化，用过去推动未来，越来越多的人对此充满信心。

思考与练习

1. POP 展示包装能在哪几个方面对消费者的购买欲望产生影响？

2. 为一款潮玩产品量身定制设计 POP 展示包装，需要体现潮玩的个性特点。

图 3-43 开孔处细节图——揭盖前

图 3-44 开孔处细节图——揭盖后

图 3-45 包装与角色卡

图 3-46 角色卡文件图

第四节 潮玩与香氛包装造型融合课题

一、对潮玩市场和香氛市场的调研（作者：曹越；指导教师：王炜丽）

"潮玩"二字来自英语名 Art Toy 和 Designer Toy。它们承载着设计师和艺术家的理念，以玩具的形式呈现。潮玩主要由艺术家和设计师设计，是具有艺术性和收藏属性的产品。潮流玩具不仅强调游戏的意义，还强调应用于玩具中的设计、工艺和文化的附加属性。这就吸引了许多对收藏价值、独特设计及思想内涵具有高要求的消费者。潮玩消费群体的宏观特征为一、二线城市 18—29 岁的女性和中高级消费能力较强的白领、准白领职工。其中，总消费人数的 45% 左右是"95 后"，是潮玩市场消费的主力军。

我国用香历史悠久，但现代香氛市场起步较晚。2014 年之前，人们对香氛市场关注度较低，但随着生活水平的上升，我国香氛市场成为化妆品领域增速最快的细分行业，其发展前景广阔。2016 年后，随着中产阶级人口逐渐增多，香氛产品作为能够衬托出生活品质的产品，香氛市场销售量呈现爆发式上涨。与此同时，在彰显个性化需求的当下，气味个性化成为消费者展现自我的一种表达方式，对香氛的需求也逐渐增多。2020 年，我国香氛市场规模达到了 15.75 亿美元，疫情冲击下其市场规模同比增长率仍然达到 10.48%。

从消费性别来看，香氛消费群体以女性为主。其最大的消费群体是 22—45 岁时尚、高素质、购买力高的女性，由于这个年龄段的女性收入较高，可以更从容地消费，与潮玩的消费群体有较高重合度。

二、打造香氛品牌"奇遇"的 IP 形象

IP 形象是指品牌在人们心中的个性特征，反映了消费者对品牌的认知，是品牌的象征和基础，因此品牌必须重视对其 IP 形象的塑造。随着国内潮玩热度日益升高，将品牌 IP 形象潮玩化，是一种全新大胆的尝试。

但品牌 IP 形象潮玩化的核心并不仅仅是简单地创造几个卡通造型，从深层次讲是一种品牌理念与新时代消费者审美和消费热潮的结合。这种结合不仅要表现品牌个性，还要与消费者产生内心的默契与文化认同感。建立具体的 IP 形象只是打造品牌第一步。只有赋予其一定的文化内涵，才能真正成为消费者心目中有记忆点的形象。这就必须让香氛品牌 IP 形象进入年轻人的生活中，拥有与年轻人互动的情感接触，体现香氛品牌 IP 形象的人文关怀和社会价值。

品牌 IP 形象可以是动物、植物、人物，甚至是自己创造的全新形象。然而，无论 IP 形象依附于哪种创作思路，人格属性都是必要的。对形象的每一个部位，如耳、眼、鼻、口、身等，都要进行深入的研究，使其具备独特的个性特征，这就是"人设"。每一个 IP 形象都有自己的人设，其人设可以从品牌本身延伸出来。

图 3-47 "花枝" 形象设计

图 3-48 "褐灵" 形象设计

图 3-49 "秘海" 形象设计

图 3-50 "缤果" 形象设计

图 3-51 "东绡" 形象设计

　　"奇遇"香水在建立人设时，根据香水的产品调性和消费人群的特点，选择用"精灵"的形象作为原型，根据不同香型设计出五种不同的人设，分别是"花枝""褐灵""秘海""缤果""东绡"。

　　"花枝"的形象设计是将花香型香水的经典味道，即玫瑰、鸢尾、栀子、紫丁香等花朵运用在其头部和身体的设计中，这些元素能够准确地传达其类别。颜色方面，粉色和紫色渲染了花瓣清新柔和的气质，点缀在头部的黄色不仅是花芯的颜色，更与大面积的粉色和紫色互补，增强了视觉效果。（图 3-47）

　　"褐灵"则融入了猎豹、刺猬、灵猫等动物的形象，褐灵还原了猎豹的鼻子和尾巴、灵猫的耳朵、刺猬的身体，尤其是刺猬元素极具视觉冲击力，在温软的形象上增添了一丝俏皮。褐色与黄色的搭配呈现出浓厚的原始风格，表现出其野性而又温软的香味特点。（图 3-48）

　　"秘海"的形象设计将人物双腿换作鱼尾，身体呈海螺状，与鱼尾相连，融为一体，在突出其香型的同时增强了记忆点。其头部将珊瑚的形状设计成角。这些海洋元素既简约明了又能从视觉上表现其香型。身体和头部只用了浅蓝和淡粉两种颜色，突出了海洋香型纯粹、清透的特点。（图 3-49）

　　"缤果"的身体则是用不同形状和颜色的鲜果堆砌而成。多样的色彩运用，形成了缤纷多彩的视觉感受，体现其香型。头部的石榴和额头的石榴粒则进一步加强了缤果"水果"的特征，从视觉上总体表现果香型香水清甜、诱人的特点。（图 3-50）

　　"东绡"以东方美人为灵感，无论是头部还是身体都具备鲜明的东方特征，额头的印花参考了唐朝女子贴在额头上的花钿，极具中国意味。颜色上用红、黄、粉、绿等常用于东方服饰的颜色，进一步加强了东绡的东方色彩，突出其香型特点。（图 3-51）

三、潮玩与香氛包装造型融合实践

"奇遇"系列香水的IP形象开创性地将香水包装与潮玩结合，打造"玩香水"的理念，根据不同的香水气味，创造了专属的香水精灵IP形象。作者将这些立体形象生产出来并涂装，再使用多种装饰性材料，将潮玩、包装、装置艺术进行融合，打造出独一无二的波普艺术品，是一次大胆的跨界尝试。

虽然这种包装形式需要一定的手工制作环节，对于量产开发是不小的挑战，但对于大规模定制产品（一种根据客户的个性化需求，以大批量生产的低成本、高质量和效率提供定制产品和服务的生产方式）来说是一个具有启发性的创意。

作为包装的一部分，作者还根据香水产品的调性，创造出了类似万花筒图案的奇特图形香氛卡片，极具视觉张力，符合这款香氛产品的品牌调性。（图3-52至图3-61）

图3-52 "花枝"香氛卡片

图3-53 "褐灵"香氛卡片

图 3-55 "缤果"香氛卡片

图 3-54 "秘海"香氛卡片

图 3-56 "东绷"香氛卡片

图 3-57 "花枝" 香氛瓶

图 3-58 "褐灵" 香氛瓶

图 3-59 "秘海" 香氛瓶

图 3-60 "缤里"香氛瓶

图 3-61 "东绸"香氛瓶

四、工艺

潮玩材质为树脂，香氛瓶为玻璃材质，其他配件为可选配的综合材料，整体手工黏结而成。

五、结论

随着新时代消费者日益年轻化，潮玩热度不断升高，香氛产品与潮玩的受众群体有很多重合，这引发了我们对香氛品牌 IP 形象创新的思考。将潮玩与香氛外包装相结合，符合新时代消费的热点，并且能够赋予品牌形象艺术性，增加香氛品牌的软资产，进而为香氛品牌创造附加值。因此，香氛品牌 IP 形象"潮玩化"是新时代消费背景下的新趋势，同样也能适用于其他有类似受众的商品品牌。

第五节 互动包装设计课题

一、对互动包装设计的分析（作者：刘晓；指导教师：王炜丽）

随着互联网经济的蓬勃发展，商品类型越来越多，包装的作用、功能、形式也趋于多样化，而且包装已演变成一种多功能信息传播载体。今天的产品包装不仅仅表现为平面化，还在向动态化、综合化的方向转变。互动式产品包装的出现，可以把出人意料的新型体验方式带给消费者，将功能和体验两大性能融为一体，并在互动的过程中吸引消费者的注意力，逐渐加深消费者的印象，从而使消费者渐渐地形成品牌意识。

1. 包装结构的互动

包装结构如何改变取决于选择何种互动方式。通过折叠、拉伸、变形等形式改变原有的简单的平面的包装，从视觉上改变效果或是拓展功能，可以实现感官层次的互动，并且这些改进都可以为包装结构提供便利，促进消费。

此外，互动式包装设计可以增添一些辅助结构，这种辅助结构在主体包装之外，又与主体包装有一定的联系，与之形成一套完整的产品包装。这类辅助结构的设计能够使原有的包装结构增加许多新的元素，加深消费者与产品之间的互动状态，带给消费者更好的产品体验。（图 3-62）

图 3-62 儿童蜡笔包装（作者马欢），包装盒打开后消费者可以根据模切线抠下卡通形象进行涂色，再与包装盒黏合制作成立体卡片，这个互动改造并不会破坏包装保存画笔的功能，而是对包装的个性化升级

码 3-2 互动包装

图 3-63 首饰 POP 展示包装（作者刘佳歆），包装盒内侧贴有镜面材质，能引发消费者的多种感官感受

2. 包装材质的互动

互动式包装增强了消费者与产品包装设计之间的信息交互，尤其是一些具有特殊性质的产品。利用不同的包装材质能够引发消费者的视觉和触觉等多种感官感受，从而促使消费者与包装进行有趣的交互。当消费者拿到包装时，有互动功能的材质设计会更加具有视觉冲击力和反差感，使消费者留下较为深刻的印象。（图 3-63）

3. 包装功能的互动

互动式包装不仅要满足传统包装的审美需求，同时也要在使用功能上满足消费者的便利需求，形成一种既能有效地保护产品，又能让消费者使用起来非常方便的结构造型，从而实现功能性的互动。因此，互动式包装设计不仅要符合简单的设计原则，还要符合人体工程学，满足消费者方便开启、收藏、携带的功能。（图 3-64）

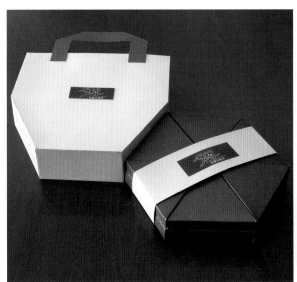

图 3-64 跳棋包装（作者于阳），包装盒同时具备棋盘功能，集便携、游戏、收藏于一体

二、对隐形眼镜包装设计的调研

当下，由于彩色隐形眼镜在卖点、功能、包装上的差异很小，产品包装过分雷同，无法让消费者对产品产生持久的记忆点。通过调研发现，消费者通常更喜欢使用起来具有新意，在打开过程中有参与感，并且在互动过程中能够让其心情愉悦、产生惊喜的包装。也正是这种需求使得互动式包装设计具有了现实意义。

三、"觅眸"隐形眼镜包装的插画创意构思

"觅眸"隐形眼镜包装为四款，在主形象上运用了四个国风女性角色。随着转运锦鲤热潮的兴起，一些年轻的消费群体希望通过购买或者佩戴一些物品来提升自己的运气。为了满足年轻消费者群体的心理需要，我们赋予了每款包装特别的吉祥寓意，第一款"好运连连"的包装选取了锦鲤和葫芦的元素。在中国传统文化中，人们相信鲤鱼是一种有灵性的鱼类，所以锦鲤在民间有吉祥、如意的寓意。而葫芦象征着福气和财运，寓意戴上这款隐形眼镜就会福气满满、诸事皆顺。第二款"金榜题名"的包装选取了柚子叶的元素。在古代，学子会在考试时携带柚子叶以期得到文昌帝君的保佑。寓意戴上这款隐形眼镜就会提高视力，考试顺利。第三款"明察秋毫"的包装选取了竹子和剑的元素。寓意戴上这款隐形眼镜就会拥有正义与勇气，能够识别渣男和远离职场小人。第四款"桃之夭夭"的包装选取了桃花的元素。寓意着戴上这款隐形眼镜就会让眼睛更加动人，桃运连连。（图3-65）

四、"觅眸"隐形眼镜包装的结构构思

眼睛是"觅眸"隐形眼镜包装的关键图形，为了让消费者在打开包装的过程中进行有趣的互动，设计者把互动的关键点设置在眼睛的变化上，为此准备了两版图像样式，一种是体现人物明亮美眸的版本，另一种是做鬼脸的搞笑版本。

包装结构采用了立体书中的拉条控制变换图像结构（在基础页面上，模切一个窗形开口。

图3-65　"觅眸"隐形眼镜包装，从左至右分别为好运连连、金榜题名、明察秋毫、桃之夭夭

图 3-66 "觅眸"隐形眼镜互动包装 1　　　　图 3-67 "觅眸"隐形眼镜互动包装 2

在拉条控制的页面上，切出一个一半大小的窗口，然后将拉条页面叠放在基础页面下方第一层。窗形开口中显示的图案，半印在拉条页面上，半印在底层。上下两个窗口必须精准排列。在拉条页面上有一个突出的方块，能够防止拉条被拉出页面），在插画人物的眼睛处设计交互机关，当抽拉纸条时，就会让包装上的画面转换，完成眨眼、做鬼脸的动作。

　　这种装置结构，属于包装结构的互动范畴。当装置启动，只突出眼睛的不同变化，与消费者产生有趣的互动，达到意想不到的幽默效果。（图 3-66、图 3-67）

五、工艺

　　此包装为折叠纸盒，白卡纸四色印刷，局部模切。

六、结论

　　包装不仅仅是市场营销的一种形式，还具有很高的价值因素和审美因素。通过把互动式设计引用到包装设计中，既拉近了产品包装与消费者之间的距离，打破了单方向的信息输出，还能让消费者主动参与包装的互动，从而使其在产品包装上获得舒适的、有趣的交互体验。

　　在互动式包装设计中，设计师要了解不同消费者的需求，不断调整和完善产品包装的设计形式，将互动式设计理念带入包装设计中，使包装设计师的设计理念与消费者产生共鸣。

思考与练习

1. 互动包装能为产品带来哪些积极意义？

2. 从以下三个角度任选一种作为创意依据，为一款产品量身定制互动包装。

（1）包装结构交互体验

（2）包装功能延伸

（3）智能交互融入包装

一、对大连虎头鞋帽非遗手工技艺的调研（作者：李树燊、牛杰；指导教师：王炜丽）

1. 与虎文化相关的民俗工艺品

在民间，虎一直被老百姓崇拜，因之象征着勇猛、威严。深受老百姓喜爱的虎文化有着多方面的艺术表现形式。

民间剪纸，是一种镂空艺术，它与中国农村的节日习俗有着密切的关系，常被人们贴在墙上、窗上等。它虽然是一个以纸和剪刀这两个极常见的工具进行创作的艺术，却总能带来不一样的惊喜。为了使剪纸中的虎如同现实中的虎一样有力量感，人们通常会在剪纸中加入一些富有装饰性的纹样，希望通过这些造型夸张、凶猛的虎以寄托祈福消灾的美好愿望。

由民间艺人即兴创作而成的布老虎是最早的布艺玩具的代表，其充分地表现出了老百姓的智慧。同时，人们把虎看作无所畏惧的神，人们一针一线缝制老虎玩具，传递着满满的爱。

儿童虎饰，作为民间虎俗信仰的一种物质载体，相传已有数千年历史。这一民间习俗在各地区有不同的审美与艺术表现形式。儿童一般在很小的时候会使用带有虎形象的饰品，主要包括虎头鞋、虎头帽、肚兜、布老虎等。

2. 大连虎头鞋帽

虎头鞋、虎头帽的制作工艺非常丰富且复杂，它是一种民间常见的儿童鞋帽样式。由于鞋头和帽子都是虎头的形象，因此得名虎头鞋、虎头帽。在中国，虎头鞋帽一直被作为吉祥物，历史悠久，具有驱鬼辟邪的功能，可为小孩儿壮胆、辟邪，也有祝愿、祈福小孩儿长命百岁之意。

作者对大连虎头鞋帽这项非遗进行了调研，与非遗传承人进行了面对面的交流与学习。据非遗传承人马巨老师讲述，她从4岁半就跟随祖母学习制作虎头鞋帽，可以说她的手工技艺是来自家族的传承。她祖母的母亲是晚清时期宫廷绣女，因此制作的虎头鞋、虎头帽都带有清朝宫廷的样式，讲究颇多，非常精致。随着时间的推移，大连虎头鞋帽工艺品在刺绣的基础上逐渐加入了钉、珠、亮片等现代装饰元素，但这项手工技艺的图形基础——虎脸图案并没有太大的改变。（图3-68至图3-72）

图3-68 右二为大连虎头鞋帽非遗传承人马巨

图3-69 设计团队与非遗传承人交流学习

图 3-70 大连虎头鞋帽相关手工艺品

图 3-71 虎头帽

图 3-72 虎头鞋

二、虎文化图形元素的提取

作者以继承和创新传统文化为目的对虎头鞋帽的文化内涵进行挖掘，并对其相关工艺品进行图形元素的解构以及提炼。大连非遗虎头鞋帽中，较为常见的有葫芦鼻、桃子鼻、斗眼、鱼眼、元宝嘴等元素，每个元素都有美好的寓意与寄托。鞋身、帽身部分的布料上也会有吉祥纹样，例如鸡冠花纹，寓意着官上加官等。（图 3-73 至图 3-78）

三、虎文化图形的创意重构

作者根据以上提取的图案元素，依照福、禄、寿、喜、富、贵、康、宁八个吉祥概念进行了图形重构，创作出全新的虎头装饰图案，即"福虎""禄虎""寿虎""喜虎""富虎""贵虎""康虎""宁虎"。（图 3-79 至图 3-80）

"福虎"的含义是五福临门，虎脸上有梅花（梅有五瓣象征五福）、蝙蝠（驱邪避祸，与福字谐音）、葫芦（福在眼前）、葫芦叶等元素代表着多福。虎的五官，眼为"斗眼"，寓意有斗气和朝气；鼻为"葫芦鼻"；嘴为"元宝嘴"。

"禄虎"的含义是喜报三元，虎耳部有喜鹊（报喜的吉鸟）、桂圆（三个桂圆寓意三元）、脸部有鸡冠花（与官同音，官上加官），这些元素都代表了多禄。虎的五官，眼为"梅花鱼眼"，鼻为"寿桃鼻"，嘴为"元宝嘴"。

"寿虎"的含义是龟鹤齐龄，虎额头上的一龟一鹤寓高寿之意，耳部纹样为寿桃纹，象征长寿，寿桃纹连接着回形纹寓意生命无限延长。这些元素都代表着多寿。虎的五官，眼为"桃子鱼眼"，鼻为"寿桃鼻"，嘴为"元宝嘴"。

"喜虎"的含义是并蒂莲心，多子多福。佛手（象征母亲）包围着石榴（多子，象征孩子），石榴叶又围住了佛手，表达孩子与母亲

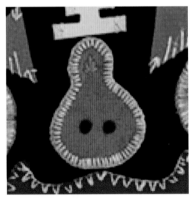

图 3-73 葫芦鼻

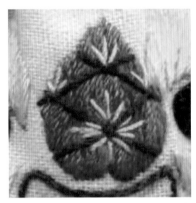

图 3-74 桃子鼻

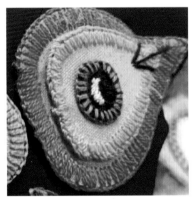

图 3-75 斗眼

图 3-76 鱼眼

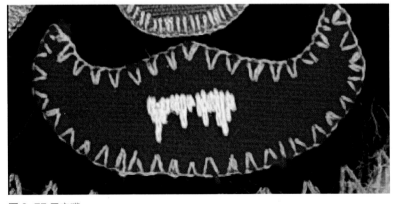

图 3-77 元宝嘴

莲花瓣，莲为君子之花

梅花，梅有五腾象征五福

藻纹，象征洁净

虎纹，象征勇气和胆魄，镇崇辟邪

石榴，多籽儿，象征孩子

寿桃鼻

佛手，象征母亲

喜鹊，报喜的吉鸟

葫芦，寓意福禄，福在眼前

蝙蝠，驱邪避祸，与福字谐音

鸡冠花，与官同音，官上加官

回形纹，寓意无限延长

铜钱，寓意财源滚滚

蟾蜍，护家宅，降吉祥，寓意聚财

鱼，寓意富贵有余

鹌鹑，寓意平安

象，景象喜人，象征和平美好

如意纹，寓意古祥如意

如意纹，寓意吉祥如意

鹤，寓意高寿

图 3-78 经过解构和提炼之后的图形元素

图 3-79 福、禄、寿、喜、富、贵、康、宁虎头装饰图案草图

虎说八到

福 BLESSING

「五福临门」

虎脸上有梅花（梅有五瓣象征五福）、蝙蝠（驱邪避祸，与福字谐音）、葫芦（福在眼前）、葫芦叶等元素代表着多福。虎的五官，眼睛为"斗眼"，寓意有斗气和朝气；鼻子为"葫芦鼻"；嘴为"元宝嘴"。

禄 PROSPERITY

「喜报三元」

虎耳郭有喜鹊（报喜的古鸟）、桂圆（三个桂圆寓意三元）、脸郭有鸡冠花（与官同音，官上加官），这些元素都代表了多禄。虎的五官，眼睛为"梅花鱼眼"，鼻子为"寿桃鼻"，嘴为张开的"元宝嘴"。

寿 LONGEVITY

「龟鹤齐龄」

虎额头上的一龟一鹤寓高寿之意，耳部纹样为寿桃纹，象征长寿，寿桃纹连接着回形纹寓意生命无限延长。这些元素都代表着多寿。虎的五官，眼睛为"桃子鱼眼"，鼻子为"寿桃鼻"，嘴为"元宝嘴"。

喜 HAPPINESS

「并蒂莲多子多福」

佛手（象征母亲）包围着石榴（多籽儿，象征孩子），石榴叶又围住了佛手，表达孩子与母亲相互的守护。虎脸郭有并蒂莲及莲蓬，寓意"连生贵子"。虎的眼睛为"鱼眼虎身"，鼻子为"寿桃鼻"。

富 RICH

「富贵万代」

虎头郭有聚宝盆、蟠螭，代表护家宅、降吉祥，寓意聚财。虎两腮为连串铜钱图案，寓意富贵连连、财源滚滚。牡丹花象征富贵荣誉。虎的五官，眼为"斗眼"，鼻子为"寿桃鼻"，嘴为"元宝嘴"，嘴中有鱼，寓意富贵有余。

贵 NOBLE

「冰壸玉壸」

虎头主要由莲花和梅花组成，莲为君子之花，寓意崇尚高洁。梅有四德，初生蕊为元，开花为亨，结子为利，成熟为贞，梅花象征吉庆。藻纹象征洁净。虎的五官，眼为"梅花鱼眼"鼻为"寿桃鼻"，嘴为"元宝嘴"。

康 HEALTHY

「吉祥如意」

虎脸上的如意纹表达了吉祥，象征喜人。虎纹代表吉象象喜人，象征和平美好，龙纹象征着前进向上，虎纹象征勇气和胆魄，祛病避邪，保佑安康。虎的五官，眼为"鱼眼"鼻为"寿桃鼻"，嘴为"元宝嘴"。

宁 HARMONY

「安居乐业」

此虎脸上有五毒图案，分别是虎（整个头郭）、蟾蜍（嘴）、蛇（额头）、蜈蚣（两腮）、蝎子（耳和鼻）。此五物可以赶走噩梦，保障安宁。鹌鹑图案象征着平安。此图案常用于双头虎枕。虎的五官，眼为"斗眼"，嘴为"元宝嘴"，和蟾蜍的嘴合为一体。

图 3-80 福、禄、寿、喜、富、贵、康、宁虎头装饰图案完成图

相互的守护。虎脸部有并蒂莲及莲蓬，寓意"连生贵子"。虎的五官，眼为"鱼眼虎身"，鼻为"寿桃鼻"，嘴为"元宝嘴"。

"富虎"的含义是富贵万代。虎头部有聚宝盆、蟾蜍，代表护家宅、降吉祥，寓意聚财。虎两腮为连串铜钱图案，寓意富贵连连、财源滚滚。牡丹花象征富贵荣华。虎的五官，眼为"斗眼"，鼻为"寿桃鼻"，嘴为"元宝嘴"，嘴中有鱼，寓意富贵有余。

"贵虎"的含义是冰壶玉壶。虎头主要由莲花和梅花组成。莲为君子之花，寓意崇尚高洁；梅有四德，初生蕊为元，开花为亨，结子为利，成熟为贞，梅花象征吉庆。藻纹象征洁净。虎的五官，眼为"梅花鱼眼"，鼻为"寿桃鼻"，嘴为"元宝嘴"。

"康虎"的含义是吉祥如意。虎脸上的如意纹表达了吉祥；象纹代表景象喜人，象征和平美好；龙纹象征前进向上；虎纹象征勇气和胆魄，祛祟避邪，保佑安康。虎的五官，眼为"鱼眼"，鼻为"寿桃鼻"，嘴为"元宝嘴"。

"宁虎"的含义是安居乐业。虎脸上有五毒图案，分别是虎（整个头部）、蟾蜍（嘴）、蛇（额头）、蜈蚣（两腮）、蝎子（耳和鼻）。此五物可以赶走噩梦，保障安宁。鹌鹑图案象征平安。此图案常被用于双头虎枕。虎的五官，眼为"斗眼"，嘴为"元宝嘴"，和蟾蜍的嘴合为一体。

图 3-81 一次性口罩

四、"虎说八到"文创产品的开发应用

作者将上述八个吉祥寓意总结成了"虎说八到"的概念。非遗文化与文化创新结合，赋予了非遗文化新的活力与生命。在文创产品的应用上，作者根据网络数据调查，按人们的生活需求设计开发了以下文创产品。

1. 一次性口罩

疫情之下，一次性口罩迅速成为日常必需品。口罩虽然起到了阻隔病菌的作用，却也将人的面孔和表情隐藏起来，制造了一种距离感。在满足实用性的基础上，作者用虎头图案赋予口罩新的面貌，在虎年新年的吉祥氛围下，为处在疫情阴霾的人们带来新的希望和文化抚慰。

2. 手账本和纸胶带

近年，手账本和纸胶带热潮不断升温，是各大文创品牌必备的主销产品，福、禄、寿、喜、富、贵、康、宁的吉祥寓意赋予了每个本子不同的含义，比如"福"本可以将每日感到幸福的小事记录下来；"富"本可以进行日常开销的收支记录；"康"本可以收录健康信息，运动打卡等。虎头图案的纸胶带，可以美化和丰富手账本的内容与画面。也可以通过纸胶带上的花样进行创意拼贴画，是比较受年轻人喜爱的一款文具。

除了以上文创产品，"虎说八到"还有同系列的折扇、水杯、明信片、抱枕等。（图3-81 至图 3-87）

五、用"文创产品"包装"文创产品"——"虎说八到"系列文创产品的包装设计

我们选择了帆布袋作为系列文创产品的包装。帆布袋能延续虎头鞋帽的布艺属性，能容纳多个不同尺寸、不同规格的文创产品。同时，帆布袋本身也是一款常见的文创产品，能长久使用，在环保家居生活用品中有较高的使用率，非常有利于非遗文化的传播。帆布袋保留了虎脸轮廓作为外形，赋予了包装与众不同的个性特征，同时加深了消费者

图 3-82 手账本

图 3-83 纸胶带

对"虎说八到"主体视觉图案的印象。传统虎头鞋帽的精髓结合现代印染加工技术，被浓墨重彩勾勒的图案拥有极强的视觉表现力。（图 3-88）

六、结论

在创作初期，作者采取走访调研的方式深入了解大连非遗虎头鞋帽这一传统手工技艺，通过和非遗传承人沟通交流，许多没有文字记载、仅能口传心授的文化知识被记录下来，为后续的创作提供了源源不断的灵感，所以这个过程至关重要。

非遗文化图形的提取与创新成为非遗文化在文创产品应用中的关键。提取是对文化的继承，创新是应用载体的转换，非遗文化若能在当今社会再次落地生根，不能简单地复制老式产品，还要和当代人的生活需求紧密相连。

随着中国文创产业的不断发展，越来越多的本土文化将通过这种方式渐渐地回归到大家的视野中，最终用文化影响人们的生活。

图 3-84 折扇

图 3-85 水杯

图 3-86 明信片

图 3-87 抱枕

图 3-88 帆布包

思考与练习

1. 在你所处的城市或地区中有哪些有代表性的非遗文化？请列举三种。

2. 选取一种有代表性的非遗文化，提取其设计元素开发三款系列文创产品，并为其设计包装。

一、以大连为例，对海洋文化和城市礼品包装的调研

大连所处的辽宁省海岸线长2000多千米，在我国沿海省份排名第4位，是中国东北地区唯一的临海省份，位居交通要冲。生活在这片土地上的辽宁人利用海洋、开发海洋，在发展海洋事业的过程中取得了辉煌成就，由此产生了辽宁地区特有的海洋文化。

大连拥有得天独厚的旅游资源和丰富的海洋文化，但是纵观大连商品市场，富含海洋文化精神内涵的商品包装乏善可陈，除了大连的美景与海产品，并没有能给人留下深刻印象的城市礼品，而目前市场上流通的大部分商品包装设计均以简单直白的基础样式为主，没能很好地体现出大连的海洋文化背景，更谈不上给游客留下深刻美好的印象、提高大连的人文气息、提升城市的美誉度。（图3-89）

二、海洋文化符号的梳理和提取

大连海洋文化资源主要有如下几个方面。

1. 自然景观

大连位于中国东北辽东半岛最南端，地域内山地丘陵多，平原低地少，岩溶地形随处可见，有宝贵而罕见的海蚀地貌，海洋景观多姿多彩，时间的打磨和人文活动的参与赋予了它浓厚的文化色彩。

2. 海洋生态

大连地理位置得天独厚，自然环境温暖湿润，气候宜人，许多珍稀

码3-3 海洋文化影响
下的城市礼品包装

图3-89 大连旅游纪念品市场

动物、植物都在大连安家繁衍。大连市政府为了保护这些珍稀物种大力开发建设了许多海洋生态保护区。这些海洋生态保护区的建设和配套的保护措施与管理办法，可以为大连的海洋文化资源保驾护航。

3. 历史建筑

建筑是凝固的历史，它见证与承载着一座城市的发展年轮，同时，这些建筑群落构成的街区，又塑造了独特的城市面貌与气质。大连在历史上经历过外国列强的入侵与殖民，他们在这里修建了大量造型独特又具有时代特征的建筑，形成了相对成熟的行政街区布局，也留下了许许多多历史遗迹。

4. 交通工具

有轨电车曾经是大连最主要的交通工具，是大连这个沿海旅游城市的特色风景之一。大连的有轨电车历史未曾中断过，它见证了这座城市的历史和发展。

5. 海洋主题公园

海洋主题公园游乐场是将食、住、行、娱、游、购整合为一体的综合旅游项目的场所，包含海洋休闲、海洋美食、海洋观光娱乐、文化艺术交流传播等，是大连海洋文化资源中的重要一员。

6. 非遗文化

大连有满、回、锡伯、蒙古、朝鲜、壮等多个少数民族，在长达数千年的文化演进史中，他们创造了大量内容丰富、形式多样的珍贵非物质文化遗产，其中有不少是活的文化，还在活脱脱生长，包括各种神话、音乐、舞蹈、戏曲、皮影、绘画说唱及各种礼仪、习俗、节庆等。

7. 民俗活动

大连的海洋民俗节庆活动丰富多彩，独具地方特色，每年的正月十三，渔民和从事渔业相关产业的人们会迎来重要的海灯节，他们祈求新的一年大海会风平浪静，保佑自己平安并祈盼渔业发展得更好。此外，还有长海国际钓鱼节、长海渔家风情旅游节、金石滩国际沙滩文化节等。

8. 博物馆文物

大连市共有博物馆 28 家（含美术馆、纪念馆等），其中，国有博物馆和非国有博物馆各 14 家，种类比较齐全，涵盖了社会历史、自然科学、文化艺术、综合类等。博物馆丰富的藏品，大部分都不为人熟知，如旅顺博物馆的玉牙壁、大连汉墓博物馆的金质带扣等。

9. 饮食

浩瀚的大海，把最丰富、最新鲜、最奇异的海鲜产品恩赐给了大连，不但把大连人的说话口音染上了一股海蛎子味儿，也给大连人的餐桌添上了一道必不可少的风景——

海鲜类食品，这构成了这座城市的一种饮食文化。除此以外，还有槐花饼、焖子等著名小吃。

10. 海洋军事

中国近代史是以 1840 年中英鸦片战争为起点，特定的历史因素决定了大连海洋军事文化是以军事文化为中心，以此衍生的国情教育、国防教育与爱国主义教育相结合的文化。近现代主要战争遗迹有旅顺万忠墓、东鸡冠山北堡垒、白玉山塔、苏军胜利塔、苏军烈士陵园等。

新中国成立后的旅顺军港、中国第一代主力战舰"104"号导弹驱逐舰、在大连完成改造的中国第一艘航空母舰"辽宁号"等当代海洋军事文化符号激发着国人的爱国热情，吸引着广大青少年投身航母舰载机飞行事业，筑力中国梦。

11. 方言

大连的方言属于胶辽官话，源自山东方言，腔调与东北方言有很大差别，与辽宁丹东市和山东烟台市较为相似，被称为吸收了满语以及日语、俄语等外来语的"海蛎子味儿"方言。大连方言很多词汇源自劳动人民的生活生产经验，充满市井气息，极具幽默感，比如"待亲"（可爱）、"歹饭"（吃饭）、"老对儿"（同桌）、"走家"（回家）、"埋汰"（脏，满语）、"马葫芦"（下水道，日语）、"刺锅子"（海胆，俄语）等。

12. 传说

大连有很多美丽有趣的传说。例如大连名称的来历——"褡裢的传说"，老虎滩的传说，金石滩金狐山的传说。

13 制盐技艺

大连有旅顺盐场、复州湾盐场、金州盐场。海盐生产技艺，是一份宝贵的历史遗产。

基于以上的分析，我们将海洋文化符号梳理成图表，便于下一步的提取和展开设计。（图 3-90）

三、"海洋文化，人文大连"系列文创产品礼盒包装（作者：王锦洪、王炜丽）

1. 系列文创产品创意说明

"海洋文化，人文大连"系列文创产品是辽宁省教育厅科研项目"海洋文化影响下的大连城市礼品包装设计与实践研究"的成果，包含立体书、手账本、冰箱贴、手机支架、珐琅胸针五款文创产品。

《触感大连·大连经典建筑立体书》提取了海洋文化资源中的建筑文化资源。大连的近代建筑与新生建筑共同赋予了今日大连浪漫时尚的气质。此产品将大连近代以来比较有代表性的建筑、广场、桥梁、历史遗迹等通过立体书的形式展开，并介绍了相关文化信息，这对人们了解这些建筑的真实面貌和历史渊源有很大帮助。书中将建筑立体结

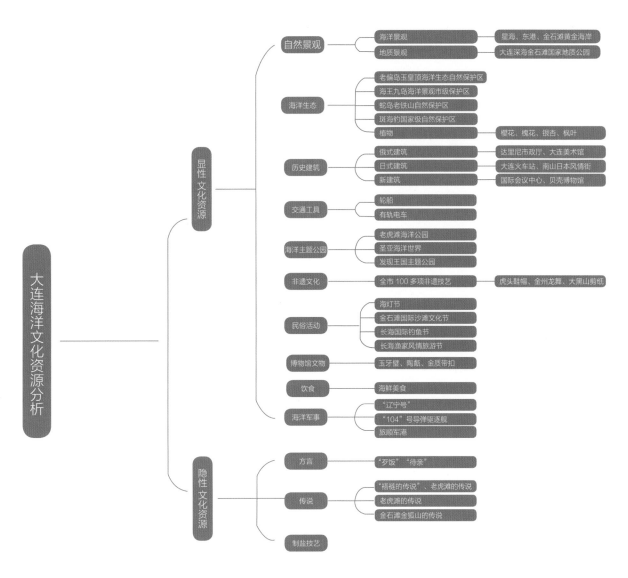

图 3-90 大连海洋文化资源分析

构放置于街区地图信息中，让人们对整个街区的建筑概况有进一步的了解。（图 3-91）

冰箱贴同样提取了建筑文化资源，使用图形创意的方法将扇贝造型和大连经典建筑融合，大连的地域特点被充分表现出来。另外，产品通过三层景物叠加，呈现出错落有致的立体效果。（图 3-92）

手机支架提取了海洋文化资源中的军事文化资源和建筑文化资源。背倚"辽宁号"航空母舰，支起的是民族自信；依靠着大连国际会议中心，架起北方明珠的动感脉搏。支架使用亚克力材质拼插结构，具有方便组装、承重性佳的优点。（图 3-93）

珐琅胸针提取了海洋文化资源中的生态－植物文化资源。银杏、樱花、槐花、枫叶是大连非常有代表性的植物。漫步大连，处处洋溢着花香与浪漫，不同的植物让人联想到深秋旅顺太阳沟的银杏大道、春季樱花园的漫天花雨、初夏时节槐花的暗香浮动、秋日艳阳下五角枫的艳丽夺目。（图 3-94）

图 3-91 触感大连·大连经典建筑立体书

图 3-92 大连经典建筑冰箱贴

图 3-94 大连特色植物珐琅胸针

图 3-93 "海洋文化，人文大连"艺术手机支架

2. 设计目标和需要解决的问题

从宣传城市文化的角度来说，大连需要一个能将海洋文化整体体现的、具有创新理念的城市礼品集合。"海洋文化，人文大连"系列文创产品类型多样，尺寸规格各异，如何将上述产品整合在一个礼盒包装之中，最大程度地实现包装盒对商品的保护、运输、POP 展示、美化、地域文化传播功能，是这个课题需要解决的问题。

3. 设计过程

"海洋文化，人文大连"系列文创产品的创意均来自大连海洋文化资源的分析结果，立体书、手账本和冰箱贴体现的是建筑资源；手机支架体现的是军事资源和建筑资源；珐琅胸针体现的是生态资源。基于以上，设计师希望礼盒的形式也能体现大连特有的文化符号，经过层层筛选，交通工具中的"大连有轨电车"这一文化符号凸显出来。（图 3-95）

有轨电车曾经是大连最主要的交通工具，它见证了大连这座城市的历史和发展。1909年9月25日，大连第一条有轨电车线路正式通车，标志着大连进入近代公共交通时代。大连是中国内地有轨电车历史末曾中断过的城市，为了延续这段有轨电车历史，现在的大连仍保留两条有轨电车线路。其中，201 路还保留了老式有轨电车的车型，成为大连这个沿海旅游城市的特色风景之一。除此以外，我们选择有轨电车作为礼盒的外在形式还有一个原

图 3-95 大连有轨电车

因，那就是有轨电车具有规则的外形，具备开发成包装礼盒的基本条件。

礼盒首先要解决的是如何最大程度地利用空间。根据内容物的尺寸和有轨电车的比例，我们设定礼盒长 50 厘米、宽 18 厘米、高 22 厘米，这个长、宽、高比能最好地再现有轨电车的造型，但是这个比例也有明显的弊端——展示面过于狭长，无法将上述产品一次性整合到一个平面内，而且车体（盒体）厚度严重浪费空间。

经过多次讨论、调整，设计者开创性地设计了前后均可抽拉的双抽屉盒，与通常我们所见的横向屉盒不同，这个抽屉底板是纵向的，居于盒体中心分割线上，底板的两侧都可以安置产品，这样就将前后两个抽屉分割成了 4 个小空间。这样设计的巧妙之处是，礼盒相当于有了两个狭长的展示面，增加了一倍的面积。一个改变同时解决了两个问题——展示面积不够和车体（盒体）厚度浪费空间的问题。（图 3-96 至图 3-98）车头和车尾的车灯处安装了金属旋钮，既表达

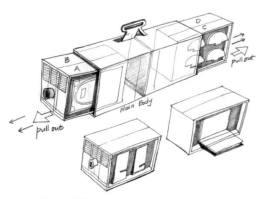
图 3-96 礼盒设计草图

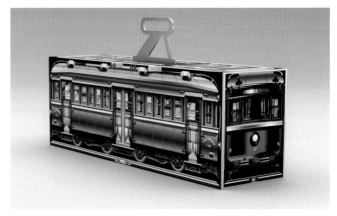
图 3-97 礼盒封闭状态

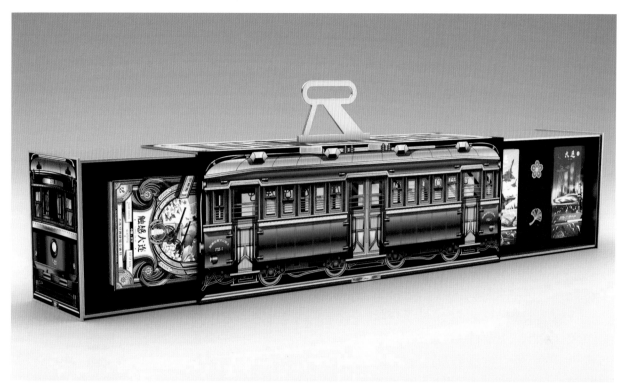

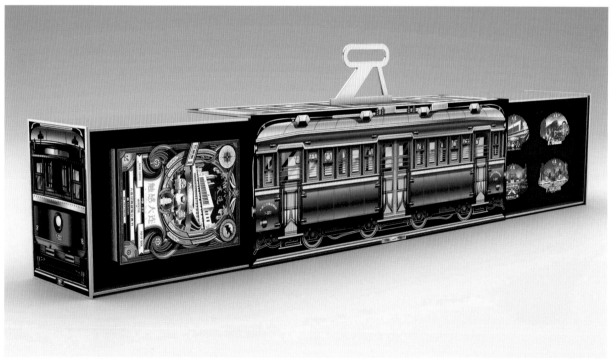

图 3-98 礼盒展开状态

了车灯的意象，也可以作为抽屉的拉手。为了防止两侧抽屉自动滑出，在两个抽屉的末端安装了磁铁，将两个抽屉牢牢吸住，起到固定的作用。车顶的电线则成为礼盒的拎手，材质为纸板。

当作为车头和车尾的抽屉被拉开，在盒体的一侧，可以看到立体书和手机支架、珐琅胸针镶嵌在深色的背景中。而另一侧，则展示了手账本和冰箱贴，这也是根据产品重量所采取的重力均衡分配。

这样的礼盒设计，在闭合时，是一个安全牢固的包装容器，可以完好地保护内容物；在展开时，是一个具有卖场 POP 广告功能的展示架，方便顾客以 360° 的角度观赏这一整套文创产品；在完成包装功能后，它又是一个完整的有轨电车模型，成为可收藏的立体摆件。

4. 工艺

此礼盒为固定纸盒，采用四色印刷，局部烫金，局部模切。

四、海洋法推广包装设计（作者：刘涛、刘佳歆、朴佳楠、韩卓霏；指导教师：王炜丽）

1. 设计目的

这是全国海洋文化创意设计大赛（以下简称"海洋大赛"）的一道公益广告命题，命题要求将海洋法的基本概念用图文并茂、生动概括的方式表现出来，通过世界海洋日活动连续性、大规模、多角度的宣传，促进全社会认识海洋、关注海洋、善待海洋和可持续开发利用海洋，显著提高全民族的海洋保护意识。

2. 海洋法基本概念

领海基线：领海基线是测算一个国家领海宽度的起算线，领海基线通常是大陆或岛屿海岸的低潮线，在海岸线极为曲折或紧接海岸有一系列岛屿时可以划定直线基线。（图 3-99）

内海：一个国家的海岸和领海基线之间的水域为其内海，沿海国享有完全主权。

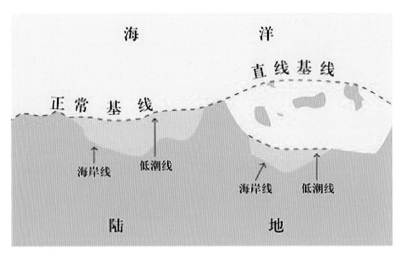

图 3-99 领海基线

领海：领海基线向海一侧、与海岸或内水相邻的一定宽度的海域，其宽度从领海基线量起不超过 12 海里，沿海国对领海、领海上空以及海床和底土拥有主权，外国船舶在一国领海内享有无害通过权。

毗连区：在领海以外、毗邻领海的一定宽度的海洋区域，其宽度从领海基线量起不超过 24 海里，沿海国可以在海关、财政、卫生、移民方面实施管制。

专属经济区：一个沿海国在领海以外、邻接领海的海洋设立的一定宽度的区域，其宽度从领海基线量起不超过 200 海里，沿海国在该区域内享有开发利用其中自然资源的专属主权权利，有权对人工岛屿的建造使用、海洋科学研究、海洋环境保护和保全等事项实施管辖权。（图 3-100）

群岛国：群岛国是全部由一个或多个群岛构成的国家，如印度尼西亚。

群岛水域：群岛国按照法律要求连接群岛最外缘各岛和干礁外缘各点划定群岛基线，该直线基线内所包含的水域为群岛水域，群岛国对该水域享有主权，但其他国家的船舶通过群岛水域享有无害通过权。（图 3-101）

公海：各类国家管辖海域以外的国际海域，公海对所有国家开放，所有国家在公海均享有航行、飞越、铺设海底电缆和管道、建造人工岛屿和其他设施、捕鱼和科学研究的自由。

大陆架：沿海国领海以外、陆地领土向海洋延伸至一定范围的海床和底土，沿海国在大陆架区域内有勘探开发自然资源的专属性主权权利。法律上大陆架的范围至少包括从领海基线量起至 200 海里的宽度。（图 3-102）

国际海底区域：各国专属经济区和大陆架管辖范围以外的国际海底区域，包括海床、洋底及其底土，该区域及其自然资源是人类共同继承的财产，由国际海底管理局代表全人类进行管理，任何国家不能对该区域及其资源主张或行使主权或主权权利。

总体来说，海洋法基本概念对大多数人而言比较抽象难懂，需要用创意的表现手法对其进行视觉翻译。

3. 创意表现

在平面设计中，修辞手法的运用能够使设计更出彩。将比喻用在平面设计中是一种有力的创意表达形式。通过对设计元素的分析、理解和联想，找到双方的相似点及共同点。找到两者的一个切入点后再借题发挥，深入主题内容，达到视觉效果的突出，同时给观者无尽的想象空间。

如大陆架，作者用章鱼的身体比喻大陆，用水面以下延伸向海洋的章鱼腿比喻大陆架，生动形象，简单易懂。

再如领海，作者用房子比喻大陆，用房子的外墙比喻领海基线，用围在外墙一周的院子比喻领海，用房子的地下室比喻海床和底土，用房子和院子上的天空比喻领海上空。（图3-103）

4. 包装应用

平面内容完成以后，下一步需要考虑媒体的选择。对于世界海洋日宣传活动来说，传统的户外广告牌、平面海报、电视、网络等媒体吸引受众的能力已经十分有限，我们需要一个新的传播媒介将公益广告以出其不意的方式传达出去，达到广告宣传的目的。

世界海洋日的宣传活动是在每年的6月8日，正值夏季，瓶装矿泉水成为众多场合必不可少的产品，同时，矿泉水与海洋之间也极易产生相关联想。秉承着信息有效传达的信念，作者选择了矿泉水包装作为传播载体。为了突出海报和文字信息，作者设计了大面积的浅色底色，用于衬托色彩丰富的海报，使得受众能直接获取关键信息。（图3-104）

另外一款设计方案采用了极具视觉冲击力和色彩表现力的抽象线条作为包装的主图形，体现了作者高超的抽象概括能力和色彩驾驭能力。海

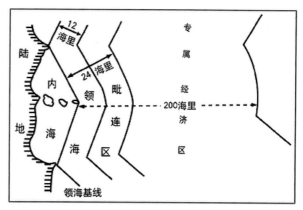

图3-100 专属经济区

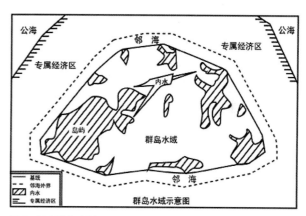

图3-101 群岛水域

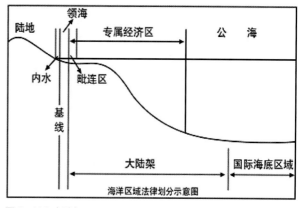

图3-102 大陆架

洋法文字信息通过曲线路径，融合在不同曲度的线条中，与周围的线条形成特异的对比，吸引着好奇的人们主动探索海洋法基本概念。（图3-105）

五、工艺

包装瓶体采用PET材质，瓶贴采用LDPE材质印刷，环绕标签，定点贴标。

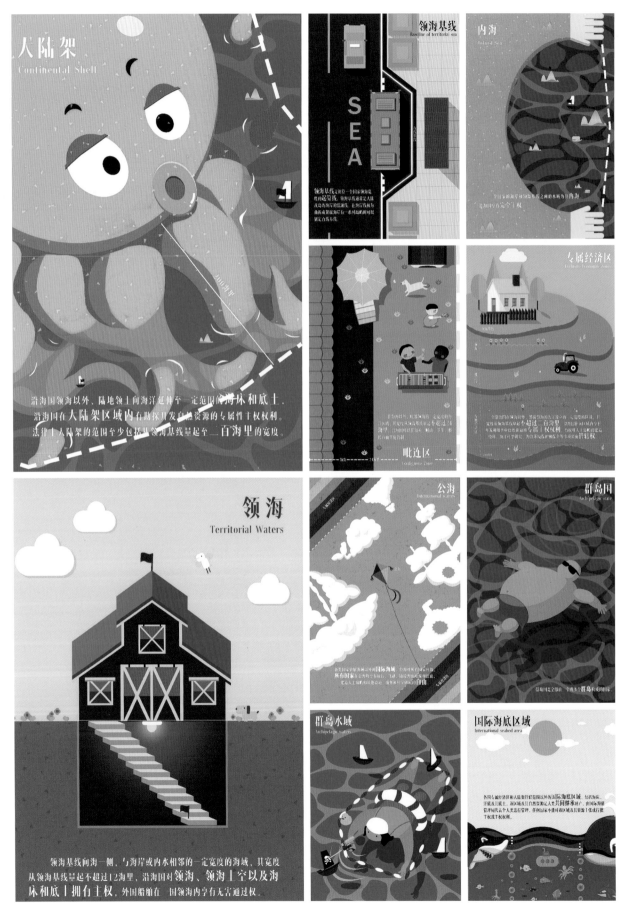

图 3-103 海洋派创意表现

图 3-104 世界海洋日 矿泉水包装 1

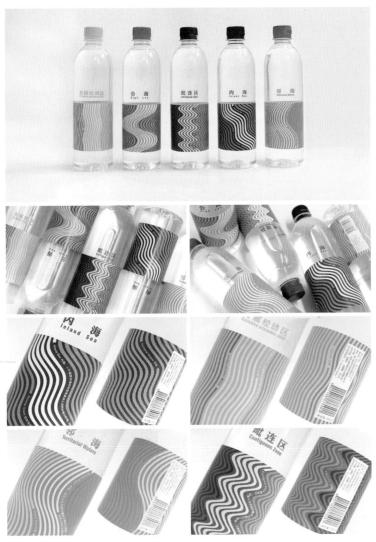

图 3-105 世界海洋日 矿泉水包装 2

六、结论

包装设计不仅仅是商业行为，更是一种向社会提供文化创造、文化延续的手段。我国的海洋文化博大精深，是人类文明史中不可缺少的重要部分，这种文化根植于沿海地区人民的日常生活中，需要我们不断地探寻、提炼、转化。在大连的旅游商品包装设计中融入海洋文化，不仅能促进商业销售、推动旅游产业的深度发展、提高城市美誉度，更可能成为传播海洋文化的有力载体。在未来，我们应该更加深入地研究海洋文化与包装设计之间的密切联系，既要发扬传承我国的海洋文化，又要提升现代包装设计的文化底蕴与精神价值。

思考与练习

1. 在你所处的城市或地区有哪些典型的地域文化形式？请列举三种。

2. 请提取某个城市或地区的地域文化符号，设计开发三款系列文创产品，并为其设计包装。

CHAPTER 4

一

第四章

学生作品欣赏

图 4-1 潮玩 POP 包装课题　东雪

图 4-2 潮玩 POP 包装课题　华政鸣 1

图 4-3 潮玩 POP 包装课题　华政鸣 2

图 4-4 潮玩 POP 包装课题　全文希 1

图 4-5 潮玩 POP 包装课题　全文希 2

图 4-6 潮玩 POP 包装课题　全文希 3

图 4-7 潮玩 POP 包装课题　全文希 4

图 4-8 潮玩 POP 包装课题　全文希 5

图 4-9 潮玩 POP 包装课题　全文希 6

图 4-10 潮玩 POP 包装课题　宋铭涵 1

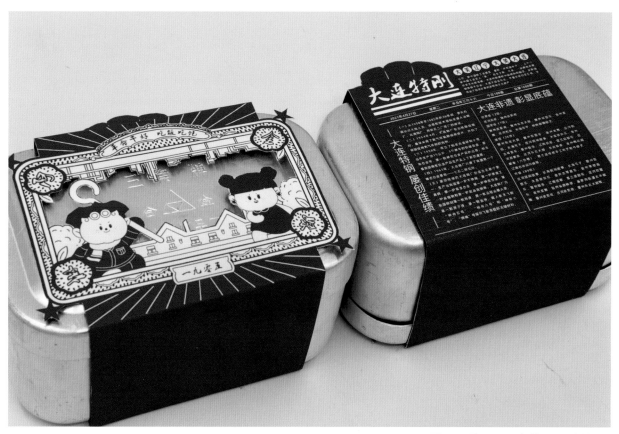

图 4-11 潮玩 POP 包装课题　宋铭涵 2

图 4-12 潮玩 POP 包装课题 张幸旖

图 4-13 潮玩 POP 包装课题 周思颖 1

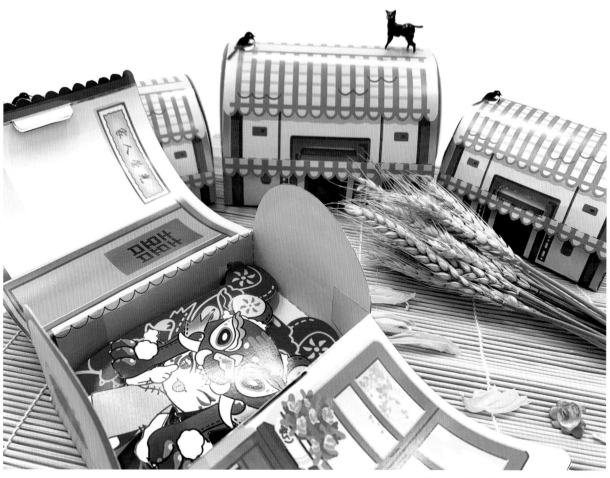

图 4-14 潮玩 POP 包装课题 周思颖 2

图 4-15 海洋文化包装课题 1　胡新新

图 4-16 海洋文化包装课题 2　胡新新

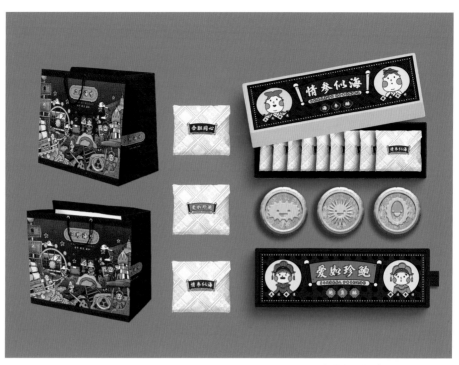

图 4-17 海洋文化包装课题 1 刘岩岩

图 4-18 海洋文化包装课题 2 刘岩岩

图 4-19 海洋文化包装课题 1 秦原威

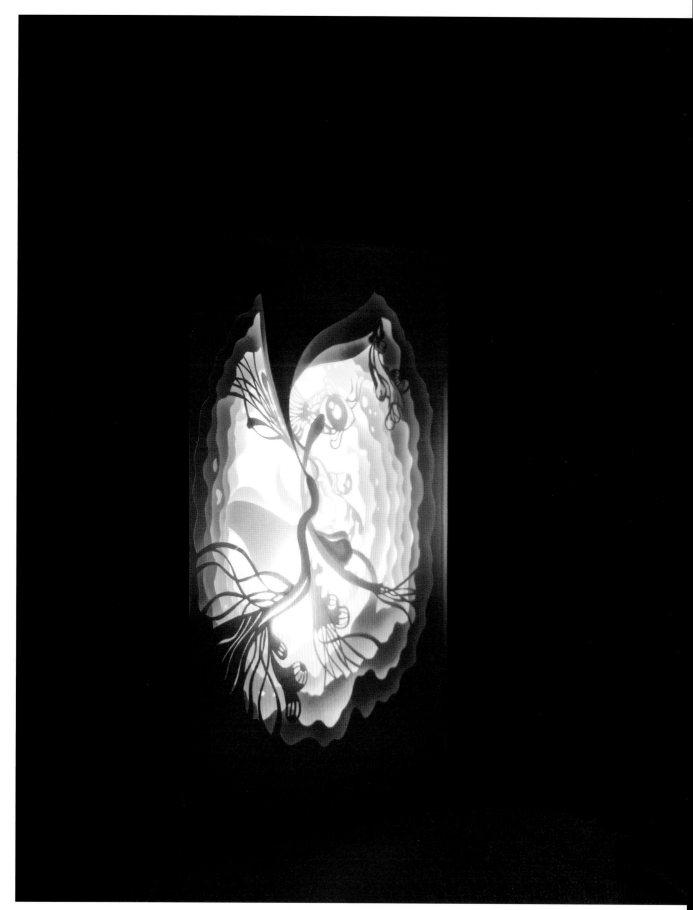

图 4-20 海洋文化包装课题 2 秦原威

图 4-21 海洋文化包装课题 1　孙晗

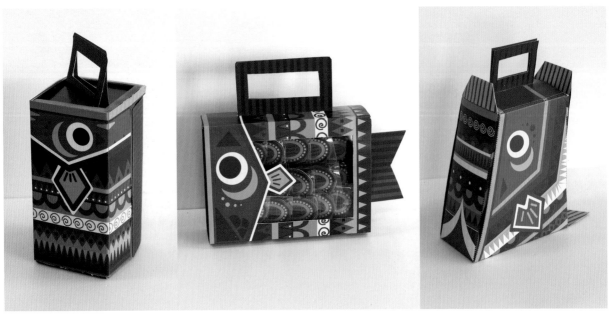

图 4-22 海洋文化包装课题 2　孙晗

图 4-23 海洋文化包装课题 1　王雯

图 4-24 海洋文化包装课题 2　王雯

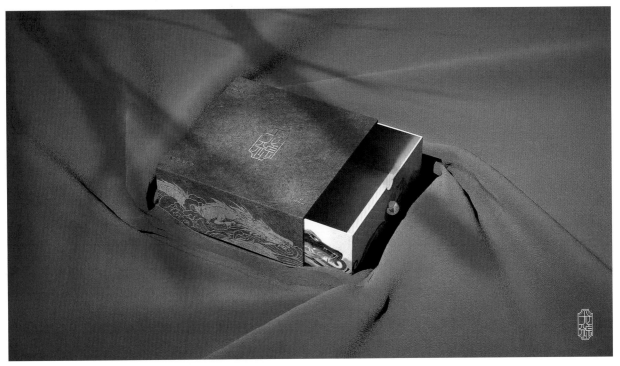

图 4-25 端午礼盒包装课题 1   陈美岐

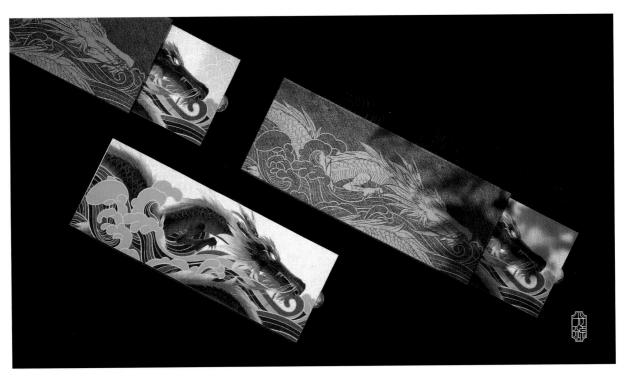

图 4-26 端午礼盒包装课题 2   陈美岐

图 4-27 端午礼盒包装课题 1 陈睿

图 4-28 端午礼盒包装课题 2 陈睿

图 4-29 中秋礼盒包装课题　李妍

图 4-30 中秋礼盒包装课题 1　齐子宁

图4-31 中秋礼盒包装课题2　齐子宁

图 4-32 中秋礼盒包装课题 1　宋铭涵

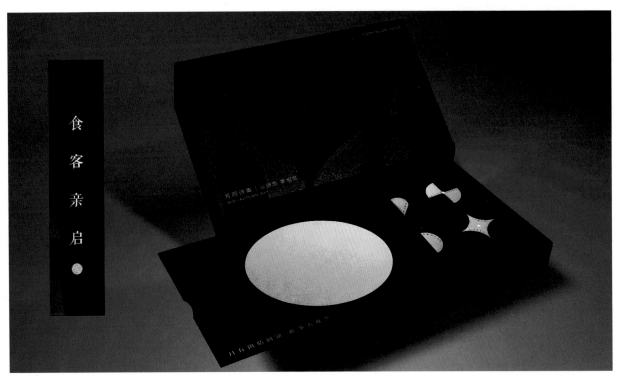

图 4-33 中秋礼盒包装课题 2　宋铭涵

图 4-34 端午礼盒包装课题　魏铭阳

图 4-35 火柴盒包装　倪晓楠

图 4-36 咖啡杯
包装设计　陈睿

图 4-37 咖啡包装　符婷婷

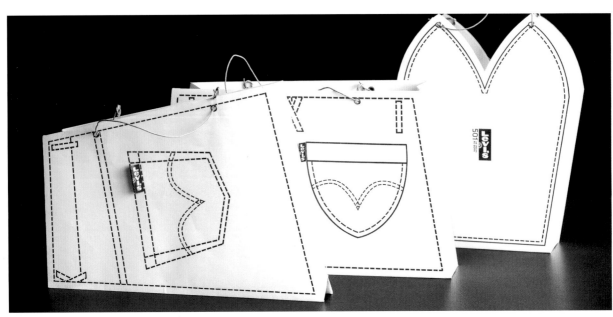

图 4-38 Levis 品牌包装　李文博

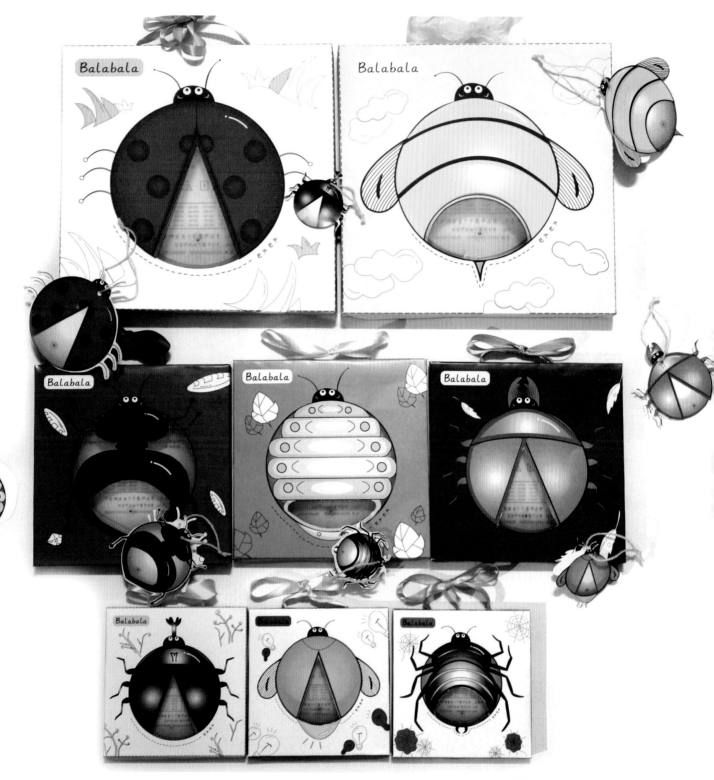

图 4-39 儿童精品系列内衣包装　康玉兰

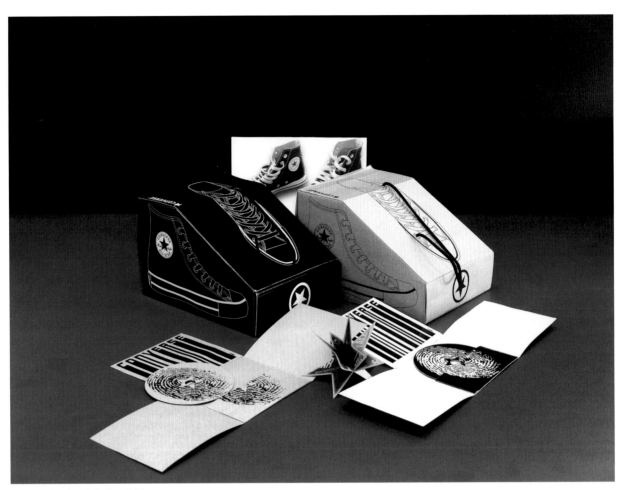

图 4-40 匡威品牌包装　李洋

图 4-41 PHILIPS 灯泡包装　于阳

图 4-42 中药洗手液包装 刘俊雯

图 4-43 中药手工皂包装 刘俊雯

图 4-44 茶叶礼盒包装　周晨昊 1

图 4-45 茶叶礼盒包装　周晨昊 2

参考文献

1. 王安霞 . 产品包装设计［M］. 南京：东南大学出版社，2015.

2. 贾尔斯·卡尔弗 . 什么是包装设计？［M］. 吴雪杉，译 . 北京：中国青年出版社，2006.

3. 玛丽安·罗斯奈·克里姆切克，桑德拉·A. 科拉索维克 . 包装设计：品牌的塑造——从概念构思到货架展示［M］. 李慧娟，译 . 上海：上海人民美术出版社，2008.

4. 马里奥·普瑞根 . 广告创意完全手册——世界顶级广告的创意与技巧［M］. 初晓英，译 . 北京：中国青年出版社，2005.

后 记

　　《包装设计项目实践》是对近几年师生共同参与的包装设计课题的一次汇总梳理。整书的重点是实践部分，所以在有限的篇幅里，理论部分必须言简意赅，突出重点。我们参考了大量国内外的包装设计教材，这些教育家和设计家们在各自的著作中提供了不同时代包装设计的观念和多样的审美导向，我们则像蜜蜂一样在包装设计的花海中酣畅地博采其中的精华。同时，为了保证理论部分图片的贴切性和观赏性，我们得到了潘虎设计实验室的大力支持。实验室提供了众多有代表性和影响力的包装作品图片，读者从中可窥见当代中国商业包装设计的原创与革新，进而引发我们对商业包装设计的深度思考。

　　正如前文所说，此书和传统教材的区别在于我们把大部分篇幅都留给了包装设计项目实践，这些课题或多或少都和文创设计相关联，有红色文化产品包装设计、潮玩包装设计、城市礼品包装设计等。个别课题包含了从文创产品开发到包装设计的整体思路和科学方法。这种倾向是和我国文创产业高速发展的现实息息相关的，从这个角度也体现出了这本教材的实用性和时代性。

　　问渠那得清如许？为有源头活水来。理论和实践的学习要随着时代的进步不断发展提高，才能避免停滞和僵化，保持活跃。期待我们的读者能举一反三，搭乘思考和实践的快艇坐看水到渠成，设计的海洋自然会表里澄澈，活跃欢腾。

第十六章　琴成

Chapter XVI
Completion of Guqin

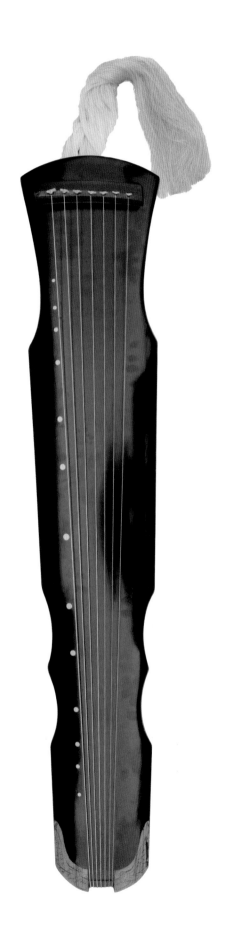

時甲午之夏幸遇恩師田雙琨先生得知先生為管平湖大師
之弟子專修斫琴之技深諳琴理修為深港管文師弟子唯其
珠秉先生性孜孜實而嚴謹授徒三百誨人不倦以古琴為事業
錫力不遺吾深感且佩心向往之終得拜于先生門下為徒完吾所

願先生斫琴之法精准洗練
漆凝肅然斧鑿之間皆成規
鉅先陰葐茵時至已亥吾照

側赴京隨師修業軍有餘斫成此琴師隨將其賜名曰天磬而
此名原為恩師當初藝成後而斫首張琴之名也吾何之幸也
師恩如海惟感念終生時左辛丑初春二月吉日創此文勒於琴
身以永誌之　　昭聞于中國古琴博物館　錄

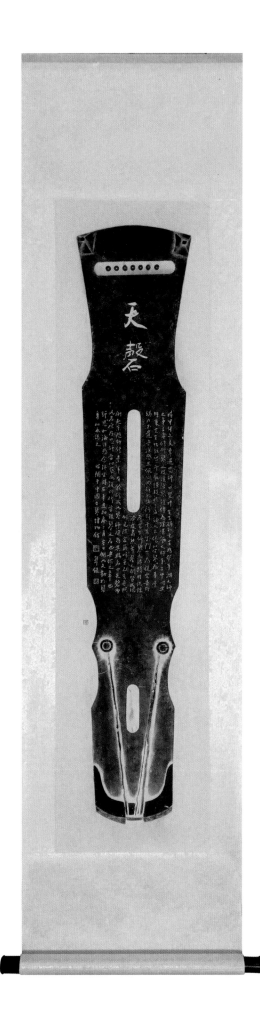